청소년을 위한
인공지능 해부도감

그림으로 쉽고 재미있게 배우는 AI의 모든 것

청소년을 위한
인공지능 해부도감

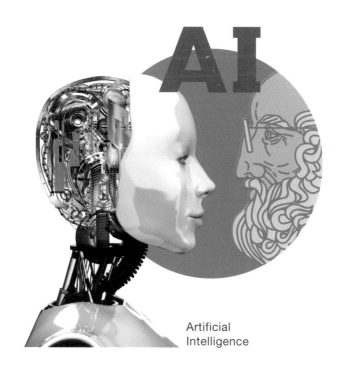

AI

Artificial
Intelligence

인포비주얼연구소 지음 · 전종훈 옮김

더숲

차례

머리말 인간을 비추는 거울, AI가 온다 **8**

알아보기 60년의 성공과 좌절, AI가 보여주는 내일은? **10**

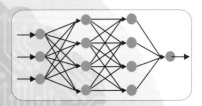

1장

AI와 로봇의 역사

1. AI 과학자들의 낙관론과 좌절 **14**

2. '엑스퍼트 시스템'의 유행 **16**

3. 'AI의 겨울'에서 머신러닝까지 **18**

4. AI의 새로운 구세주, 딥러닝 **20**

5. '강한 AI'는 인간의 뇌를 모델로 만들었다 **22**

6. 진화하는 AI는 우리에게 어떤 영향을 줄까? **24**

2장

AI에 관한 기초 지식

1. AI 머신러닝의 시작, 대량 데이터의 분류 28

2. 뇌 구조를 흉내 낸 딥러닝 시대로 30

3. '음성·언어 인식', 컴퓨터가 사람의 언어를 이해하다 32

4. AI, 슈퍼컴퓨터와 빅데이터를 결합하다 34

5. AI를 장착하고 자동운전으로 나아가는 자동차 36

6. AI와 전기자동차화 38

7. 빅데이터 해석에 필수적인 슈퍼컴퓨터의 초월적 진화 40

8. 고정밀 3D 센서로 단숨에 우리 생활에 등장한 AI 42

9. 동서양 로봇 개발 역사 44

10. 아시모의 진화와 한계 46

11. 로봇이 AI의 두뇌를 가지면 어떤 일이 일어날까? 48

3장

AI로 달라지는 직업의 세계

1. AI와 로봇 도입으로 달라진 제과 회사 **52**

2. AI는 인간의 일자리를 위협할까? **54**

3. 병원은 이렇게 달라진다! 빅데이터와 서비스업의 융합 **56**

4. 발전된 의료 서비스를 AI가 통합적으로 연결한다 **58**

5. 정부기관에서 지역 사회로, 드디어 AI 주목 **60**

6. AI 도입으로 가장 크게 변하는 곳은 농촌이다 **62**

7. AI의 도움으로 스마트 건설이 가능 **64**

8. 현장의 일손 부족과 기술 계승을 AI로 해소 **66**

9. AI가 가동하는 무인공장 **68**

10. AI 투입으로 달라지는 서비스의 미래 **70**

11. 순식간에 실행하는 미래의 대출 시스템 **72**

12. 왜 금융이 AI로 대체되기 가장 쉬울까? **74**

13. 물류업계에서 구조 변화를 일으키는 AI **76**

14. 고령자 병간호에서 크게 활약할 AI **78**

15. AI, 보안사회와 감시사회의 경계는 어디에? **80**

4장

AI와 인간의 미래

1. 포스트휴먼, 인간은 AI와 한몸이 된다? **84**

2. AI는 인류를 멸망시킨다? 특이점의 위험성 **86**

3. 고대 인조인간부터 일하는 로봇까지 **88**

4. 인간과 AI, 대립에서 공존과 융합으로 **90**

5. 영화 속 로봇과 AI는 현실의 기술을 먼저 적용해왔다 **92**

6. AI 진화에 대한 경종, 무엇을 의미하는가? **94**

7. 달라지는 전쟁의 양상, AI 자율 무기와 사이버 공격 **96**

8. 《과거로부터의 여행》에서 보는 인류의 미래 **98**

맺음말 AI가 진화할수록 우리의 '마음'이 중요하다 102

찾아보기 104

참고문헌 106

참고 웹사이트 107

인간을 비추는 거울, AI가 온다

유튜브의 한 영상에서 양처럼 생긴 자동차 한 대가 쪼르르 달리기 시작했다. 구독자들은 화면이 작은 자동차의 내부를 비추자 깜짝 놀랐다. 운전하는 사람이 없었다! 양 모양 자동차는 스스로 핸들을 돌려서 교차로에서 방향을 바꾸고, 건널목을 건너는 사람 앞에서 멈췄다. 이 동영상은 AI(인공지능) 기술로 양처럼 생긴 자동차를 움직인다고 소개했다. SF소설에나 나오는 로봇 자동차의 탄생이었다.

미국의 IT 기업은 인공지능으로 사람이 조작하지 않아도 움직이는 자동차를 만든다고 발표했다. 이 일을 계기로 많은 사람들이 AI에 관심을 갖게 되었다. 과연 AI란 무엇일까?

AI란 인간이 컴퓨터와 같은 기계에 지능을 부여하는 기술이다. 최근 텔레비전이나 잡지에서 잇달아 AI를 특집으로 소개하고 있다. 먼저 AI는 인간을 대신해서 많은 일을 한다고 말한다. 그래서 AI에게 인간이 일자리를 뺏길 수도 있다고 한다. AI가 인류를 멸망시킬 것이라는 스티븐 호킹 박사의 말도 소개되었다.

처음에는 어린 양이었던 AI가 갑자기 정체를 알 수 없는 맹수처럼 보이기 시작한 것이다. 인간의 지능을 넘어선 컴퓨터가 인간 두뇌와 융합하여 생물의 한계를 넘어선 존재로 진화할 것이라는 주장도 있다. 어쩐지 새로운 종교 같다. 그래서 결국 AI란 무엇일까?

이 책의 목표는 이렇게 정체를 알 수 없는 AI를 소개하는 '최초의 겨냥도'가 되는 것이다.

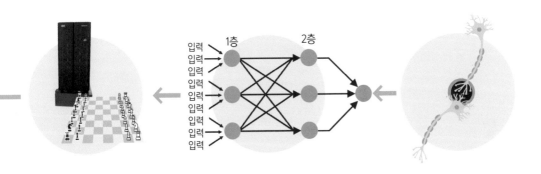

1장에서는 AI 연구의 역사를 알아본다. AI는 컴퓨터 기술이 탄생하면서 연구자의 꿈이 되었다. 지난 70여 년간 AI 기술은 애플의 창업자인 스티브 잡스를 포함한 기업가들과 구글, 페이스북과 같은 IT 기업의 투자를 받으면서, 현재의 양 모양 무인 자동차가 탄생하기에 이르렀다. 이 과정을 되짚으며, 함께 진화해온 로봇의 발자취도 따라가 보자.

　2장에서는 AI를 완성하는 컴퓨터 기술을 소개한다. AI는 단독 기술이 아니라, 인터넷과 슈퍼컴퓨터의 등장에 영향을 받아 복합적으로 진화했다는 사실을 밝힌다.

　3장에서는 AI가 여러 업무 현장에 미치는 영향에 대해 알아본다. 그 결과 어떤 변화가 나타날지를 이 책만의 예측으로 정리했다. AI의 등장으로 일자리를 잃거나 반대로 문제를 해결한 대표적인 업계를 소개한다.

　4장에서는 AI 연구의 그늘에 대해 살핀다. 왜 AI가 인류에게 위협을 주는 존재라 불리는지 생각해본다. 그리고 우리가 옛날부터 인간을 모방한 인공물을 어떻게 생각해왔는지, 이를 어떻게 표현했는지 찾아본다. 여러 소설과 영화에서 이미 현재와 미래에서의 AI와 인간의 관계를 그리고 있다.

　'AI가 인간처럼 마음을 가질 수 있을까?' 하는 의문이 생긴다. 그러려면, 먼저 인간의 마음이 어떤 것인지 알아야 한다. AI는 인간을 비추는 거울과 같은 존재다. 그들이 우리 앞에 와 있다.

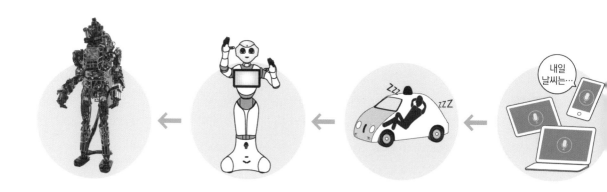

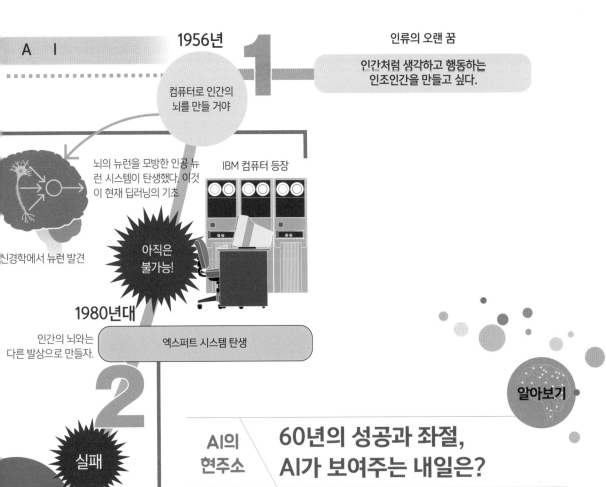

A I

1956년

1

컴퓨터로 인간의
뇌를 만들 거야

인류의 오랜 꿈

인간처럼 생각하고 행동하는
인조인간을 만들고 싶다.

뇌의 뉴런을 모방한 인공 뉴
런 시스템이 탄생했다. 이것
이 현재 딥러닝의 기초

IBM 컴퓨터 등장

신경학에서 뉴런 발견

아직은
불가능!

1980년대

인간의 뇌와는
다른 발상으로 만들자.

엑스퍼트 시스템 탄생

2

실패

AI의
겨울

그럼에도 얻은 성과

산업용 로봇 탄생

알아보기

AI의 현주소	60년의 성공과 좌절, AI가 보여주는 내일은?

드디어 찾아온 AI의 새로운 시대

최근 미국의 IT 기업들이 앞다투어 발표하는 연구 성과로 AI가 관심의
대상이 되었다. 그러나 AI는 현재에 이르기까지 긴 역사가 있었다. 1956
년에 미국 과학자들이 꿈꾼 AI는 인간처럼 생각하고 행동하는 인공두뇌
였다. 과학자들은 당시 발전에 날개를 단 컴퓨터 기술을 이용하면 간단히 만들 수 있으리라 생각했
다. 그로부터 60여 년이 지났지만, 그런 AI는 등장하지 않았다.

AI 연구의 긴 역사는 크게 다섯 시기로 나눌 수 있다. 그동안 AI 연구는 작은 성공과 큰 좌절을
반복하면서 진보해왔다. 그리고 뇌과학의 진전, 컴퓨터 기능의 비약적인 향상, AI 사고 논리의 진
화 같은 조건이 갖추어지면서 AI 연구는 현재 새로운 국면을 맞이하고 있다.

가상 세계에서만 살던 AI가 우리 생활에 들어온 것이다. 사람과 대화하는 스마트폰, 자동으로 움
직이는 자동차, 체스 세계 챔피언을 이기는 AI 로봇이 등장했다.

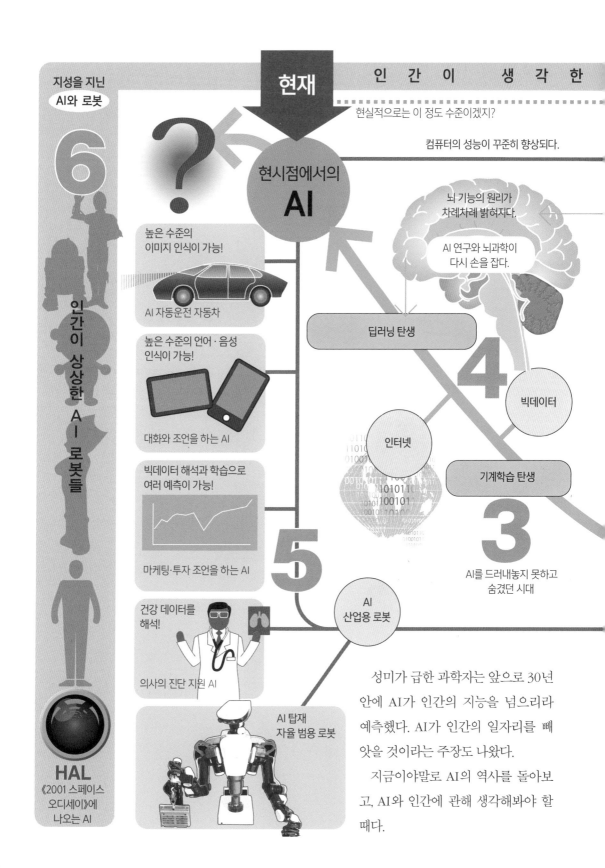

지성을 지닌
AI와 로봇

6

인간이 상상한 AI 로봇들

HAL
《2001 스페이스 오디세이》에 나오는 AI

현재

현실적으로는 이 정도 수준이겠지?

컴퓨터의 성능이 꾸준히 향상되다.

현시점에서의
AI

높은 수준의 이미지 인식이 가능!

AI 자동운전 자동차

높은 수준의 언어·음성 인식이 가능!

대화와 조언을 하는 AI

빅데이터 해석과 학습으로 여러 예측이 가능!

마케팅·투자 조언을 하는 AI

건강 데이터를 해석!

의사의 진단 지원 AI

뇌 기능의 원리가 차례차례 밝혀지다.

AI 연구와 뇌과학이 다시 손을 잡다.

딥러닝 탄생

4

빅데이터

인터넷

기계학습 탄생

3

AI를 드러내놓지 못하고 숨겼던 시대

5

AI 산업용 로봇

AI 탑재 자율 범용 로봇

성미가 급한 과학자는 앞으로 30년 안에 AI가 인간의 지능을 넘으리라 예측했다. AI가 인간의 일자리를 빼앗을 것이라는 주장도 나왔다.

지금이야말로 AI의 역사를 돌아보고, AI와 인간에 관해 생각해봐야 할 때다.

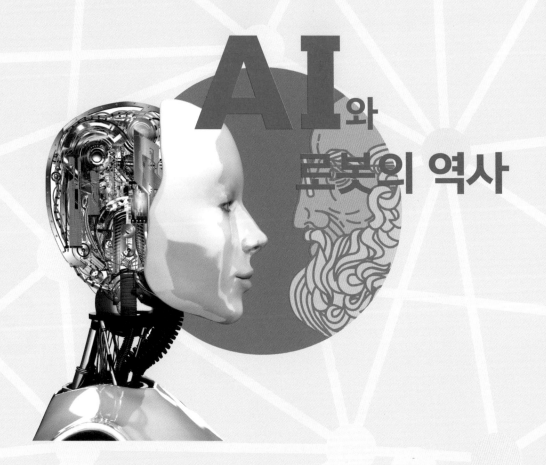

1장

AI와
로봇의 역사

AI 과학자들의 낙관론과 좌절

AI가 아이보다 뛰어나지 못한 이유

AI의 역사는 1956년 미국의 다트머스대학교에 모인 과학자 4명의 부푼 희망에서 시작됐다. 뇌신경학 연구의 발전과 당시로는 획기적인 범용 컴퓨터의 등장이 이들의 상상력에 불을 지폈다.

당시 컴퓨터는 정보를 디지털로 기호화할 수 있으니 인간의 말과 지식도 기호화할 수 있다고 생각했다. 모임의 제창자인 존 맥카시는 그 기호로 만든 기계언어로 프로그램도 만들었다. 그는 프로그램의 수준을 계속 높여가면 인간처럼 지식을 가진 컴퓨터를 금방 만들 수 있을 것이라며, 그 컴퓨터를 'AI(인공지능)'라 부르자고 선언했다.

우리의 연구를
'인공지능'이라고 부르자.

1956년

다트머스대학교에서 개최된 세계 최초의 AI 개발회의

존 맥카시(1927~2011)
AI 연구의 선구자. 스탠퍼드대학교 교수로, AI를 응용한 프로그래밍 언어 연구 등, 이후 AI 연구의 기초를 마련했다.

당시 최고의 컴퓨터 과학자들이 맥카시의 요청으로 다트머스대학교에 모였다. 이 모임에서 AI 연구가 시작되었다.

마빈 민스키(1927~2016)
컴퓨터 과학자이자 인지과학자. 매사추세츠공과대학교 AI 연구소 창설자로, 뉴럴 네트워크 연구의 기초를 마련하여 'AI의 아버지'로 불린다.

범용 컴퓨터의 등장

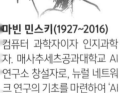

IBM701

나다니엘 로체스터(1919~2001)
IBM의 컴퓨터 과학자. IBM701을 설계했다. IBM701용 어셈블리 언어와 이후 IBM 주임기술자로서 IBM 컴퓨터를 개발했다.

클로드 섀넌(1916~2001)
정보이론 분야의 선구자로서 전자회로 스위칭이 정보의 ON·OFF가 되는 논리연산 실행을 증명. 디지털 회로 개념을 확립하여 컴퓨터를 실현할 수 있게 했다.

하지만 그렇게 간단하지 않았다. 4명의 과학자는 인간 두뇌가 가진 무한한 지식 앞에서 멍하니 멈추어 설 수밖에 없었다.

예를 들어, 고양이 한 마리가 있다고 하자. 아이라면 먼저 생물로 고양이를 인지한다. 그다음 고양이의 특성을 스스로 배우고 고양이라는 말을 기억하는 방식으로 개념을 익힌다.

이 과정을 컴퓨터에 주입한다고 해보자. '고양이'라는 명칭은 기호화할 수 있지만, 그 기호는 현실의 고양이와는 관계가 없다. 컴퓨터가 고양이라는 개념을 익히게 하려면, 동물로서의 고양이에 관한 모든 속성을 입력시켜야 한다. 이 세상의 모든 지식을 부여하는 것과 같다. 하지만 이런 지식은 그물처럼 끊임없이 연결되고 이어지며 틀(프레임)이 없다. 반면 AI는 틀 안에서만 처리할 수 있기 때문에 이를 AI의 '프레임 문제'라고 한다. 인간이라면 아이라도 간단히 할 수 있는 것도 컴퓨터는 한없이 어렵다는 것을 AI 연구자의 이름을 따서 '모라벡의 역설'이라고 부르며, 현재까지도 이 역설은 해결되지 않았다.

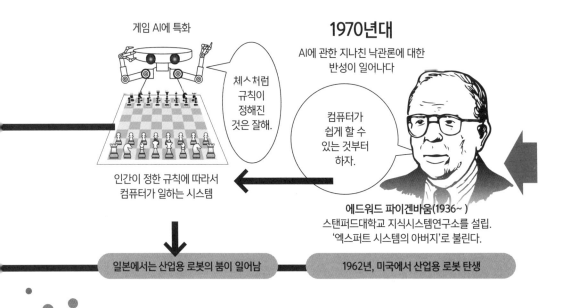

게임 AI에 특화

체스처럼 규칙이 정해진 것은 잘해.

인간이 정한 규칙에 따라서 컴퓨터가 일하는 시스템

1970년대

AI에 관한 지나친 낙관론에 대한 반성이 일어나다

컴퓨터가 쉽게 할 수 있는 것부터 하자.

에드워드 파이겐바움(1936~)
스탠퍼드대학교 지식시스템연구소를 설립.
'엑스퍼트 시스템의 아버지'로 불린다.

일본에서는 산업용 로봇의 붐이 일어남

1962년, 미국에서 산업용 로봇 탄생

2 AI의 재기 | '엑스퍼트 시스템'의 유행

AI가 잘하는 분야에 특화하자

다트머스대학교에서 모인 과학자들의 열정은 어이없이 사라졌다. 컴퓨터에 인간의 지능을 부여하려는 아이디어는 인간의 지식에는 한계가 없다는 프레임 앞에서 막혀버렸다. 이렇게 AI 연구가 쇠퇴하던 때 현실적인 연구자들이 등장했다. 그 대표 연구자가 카네기 공대 출신인 '에드워드 파이겐바움'이다. 그는 인간의 상식을 익히는 것처럼 컴퓨터가 잘하지 못하는 작업을 시킬 것이 아니라, 잘하는 일을 시켜야 한다고 생각했다. 바로 계산과 추론이다.

그는 먼저 빛의 파장을 분석해서 화합물을 구성하는 물질을 특정하는 시스템을 고안했다. 어떤 조건을 만족하는 측정 결과가 있으면 '이것은 ○○이 아닙니까?'와 같이 규칙에 근거한 추론을 반복해 답을 찾아내는 AI를 생각해낸 것이다. 이러한 추론 사고는 인간으로 따지면 특정 영역의 전문가(엑스퍼트) 영역에 해당한다. 이것을 컴퓨터가 대신할 수 있다고 생각한 사람들은 이것을 '엑스퍼트 시스템'이라 불렀다.

1980년대는 이러한 엑스퍼트 시스템이 크게 유행했다. 전 세계에서 엑스퍼트 시스템을 개발하는 벤처기업이 생겨났고, 수천 개나 되는 시스템이 만들어졌다. 사무 계산, 판매 지원, 건설관리, 물류, 일기예보, 공장 생산 설비 등 산업 전체에서 엑스퍼트 시스템을 응용했다.

그러나 이내 실망했다. 이 시스템에서도 예전과 같은 문제점이 드러난 것이다. 컴퓨터는 규칙화

1990년대

1980년대

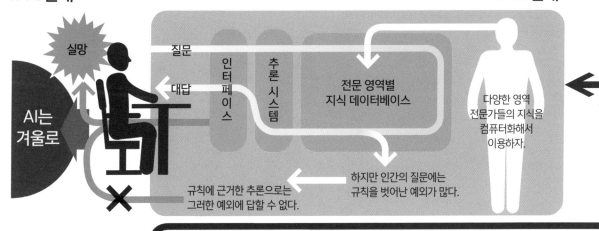

실망

AI는 겨울로

질문

대답

인터페이스

추론 시스템

전문 영역별 지식 데이터베이스

다양한 영역 전문가들의 지식을 컴퓨터화해서 이용하자.

규칙에 근거한 추론으로는 그러한 예외에 답할 수 없다.

하지만 인간의 질문에는 규칙을 벗어난 예외가 많다.

AI 부진에도 세계 최첨단의 로봇을 연구

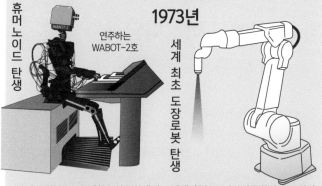

휴머노이드 탄생

연주하는 WABOT-2호

1973년

세계 최초 도장로봇 탄생

와세다대학교 이공학부 연구실에서 가토 이치로 교수를 중심으로 세계 최초의 인간형 로봇인 와봇(WABOT)을 제작

세계 최초로 닛산자동차와 도요타자동차 공장에서 스폿(spot) 도장로봇을 도입

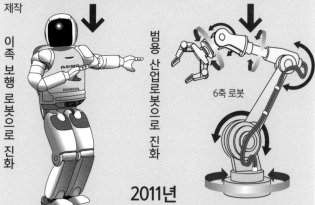

이족 보행 로봇으로 진화

범용 산업로봇으로 진화

6축 로봇

2011년

1986년부터 혼다기술연구소에서 이족 보행 연구 시작, '아시모(ASIMO)'라는 결실로 이어짐.

6개의 관절로 팔을 자유자재로 움직여서 다양한 작업을 혼자서 처리하는 범용 산업로봇 탄생

된 정보밖에 처리할 수 없다고 하는 AI 연구의 두 번째 걸림돌이 나타났다.

일본에서 진화한 산업용 로봇

인간의 생각은 무수한 예외의 축적이라고도 할 수 있다. 하지만 엑스퍼트 시스템은 엄밀한 규칙 바깥에 있는 다양한 질문에는 답할 수 없다. 산업계의 기대가 컸던 만큼 그 실망감도 컸고, AI 연구에 대한 반발도 심각했다. 결국 AI 연구는 동력을 잃었다.

하지만 일본에서는 1970년대에 산업용 로봇과 인간형(휴머노이드) 로봇 개발을 시작했다. 일본의 제조기술과 컴퓨터를 이용한 전자회로 제어기술을 합하여 메커트로닉스 제품을 만들었고, 물건을 만드는 현장에는 그 기술을 바탕으로 한 제조 로봇, 즉 산업용 로봇이 등장했다.

3 AI의 발전   '**AI의 겨울**'에서 머신러닝까지

침체기를 극복한 펄의 진화론

엑스퍼트 시스템의 한계로 주춤해진 AI 연구는 긴 겨울을 맞이한다. 연구기관과 기업에서 받던 연구비가 끊겼지만, 연구자들은 각자의 전문 분야를 철저히 탐구하며 과제 해결에 전념했다.

이 시기는 1980년대 후반부터 시작된 컴퓨터 기술의 커다란 변혁기이기도 했다. 애플사가 발표한 개인용 컴퓨터의 등장, 그것을 가능하게 한 CPU(중앙처리장치)의 비약적인 성능 향상과 가격 하락이 진행되었다. 덕분에 사람들은 예전의 워크스테이션(고성능 컴퓨터)을 사서 집에 둘 수 있게 되었다.

1990년대에는 인터넷의 등장으로 본질적인 변화가 이루어졌다. 인터넷이 개방되고 네트워크로 이미지를 주고받을 수 있는 브라우저가 등장했다. 마이크로소프트사는 인터넷에 접속할 수 있는 윈도우-95를 세상에 내놓았다. 컴퓨터 연산능력의 놀라운 발전과 가격 하락, 전 세계의 컴퓨터를 연결하는 인터넷이 AI 연구를 새로운 단계로 이끌었다.

이 무렵 연구자들은 AI 추론 로직(디지털 논리회로)을 발전시키는 방법을 모색했다. 이들을 이끈 것은 확률론적 AI 추론 로직을 제창한 미국의 계산과학자인 주디아 펄이었다. 이를 간단히 소개하자면, 올바른 결론을 도출하는 방법을 확률로 구하는 것이다. 방대한 사건 속에서 정답을 찾는 논리 사고를 하는 것이 아니라, 확률적으로 그룹을 나누는 작업을 반복하는 과정을 통해 정답에 가장

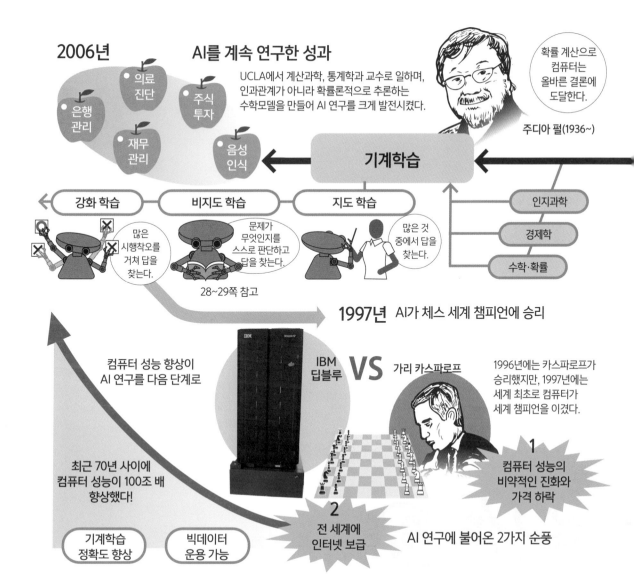

2006년

AI를 계속 연구한 성과

UCLA에서 계산과학, 통계학과 교수로 일하며, 인과관계가 아니라 확률론적으로 추론하는 수학모델을 만들어 AI 연구를 크게 발전시켰다.

확률 계산으로 컴퓨터는 올바른 결론에 도달한다.

주디아 펄(1936~)

의료 진단

은행 관리

주식 투자

재무 관리

음성 인식

기계학습

인지과학

경제학

수학·확률

강화 학습

비지도 학습

지도 학습

많은 시행착오를 거쳐 답을 찾는다.

문제가 무엇인지를 스스로 판단하고 답을 찾는다.

많은 것 중에서 답을 찾는다.

28~29쪽 참고

1997년 AI가 체스 세계 챔피언에 승리

컴퓨터 성능 향상이 AI 연구를 다음 단계로

IBM 딥블루 **VS** 가리 카스파로프

1996년에는 카스파로프가 승리했지만, 1997년에는 세계 최초로 컴퓨터가 세계 챔피언을 이겼다.

최근 70년 사이에 컴퓨터 성능이 100조 배 향상했다!

1 컴퓨터 성능의 비약적인 진화와 가격 하락

2 전 세계에 인터넷 보급

AI 연구에 불어온 2가지 순풍

기계학습 정확도 향상

빅데이터 운용 가능

독자적으로 진화한 일본 로봇 연구

안드로이드 베이쵸

안드로이드 에리카

일본 안드로이드 로봇 연구개발은 오사카대학교의 이시구로 히로시 교수를 중심으로 진화해왔다. 겉모습, 움직임, 사고가 인간과 꼭 닮은 안드로이드를 발표했다.

가까운 결론을 좁혀가는 방식이다.

이러한 AI 추론 로직을 '기계학습(머신러닝)'이라 부른다. 머신러닝의 정확도를 높이려면 확률의 정확도를 높이는 많은 양의 사례를 참조해야 한다. 이 작업은 컴퓨터 연산능력의 눈부신 발전에 밑거름이 되었다. 기계학습된 AI는 여러 업무 시스템에 적용되었다. 이러한 AI가 실력을 발휘한 대표적인 사례는 IBM의 AI인 딥블루(Deep Blue)가 체스 세계 챔피언에게 승리한 것이다. 다시 AI에 빛이 비치기 시작했다.

AI의 새로운 구세주, 딥러닝

뇌과학으로 향상된 화상인식 능력

현재 AI 분야에서 가장 주목받는 것은 딥러닝(사물이나 데이터를 군집하거나 분류하는 데 사용하는 기술)이다. 이를 알아보기 위해 1960년대로 거슬러 올라가 보자. AI 연구는 인간 뇌의 신경 네트워크 발견을 계기로 시작되었다. 인간의 뇌를 기계적으로 재현해서 인간처럼 생각하는 컴퓨터를 만들려고 했다. 이 과정에서 뇌 신경세포인 뉴런을 모방한 '뉴럴 네트워크'가 만들어졌다.

초기 뉴럴 네트워크는 단순한 구조라서 생각만큼 잘 움직이지 않았고, 곧 관심에서 멀어졌다. 하지만 영국의 인지심리학자인 제프리 힌튼은 그 가능성을 믿고 연구를 지속했다.

2006년

뉴럴 네트워크에서 여러(깊은) 단계로 스스로 학습하는 것이 딥러닝이다.

제프리 힌튼(1947~)
인지심리학에서 컴퓨터 과학으로 연구 분야를 확대. 뉴럴 네트워크에 관한 새로운 통찰을 심층학습과 연결하여 AI 연구의 새 지평을 열었다.

2005년

2029년에는 인공두뇌의 지능이 인간을 넘어설 것이다.

2000년대

저서에서 기술적 특이점인 싱귤래리티를 주장

레이 커즈와일(1948~)
MIT 재학 시절부터 컴퓨터 기술개발에서 재능을 발휘. 자신의 회사를 설립하여 신시사이저를 비롯한 여러 발명품을 세상에 내놓음. 현재 구글에서 AI 개발을 지도.

이 두 사람은 AI가 자연언어를 이해하게 만드는 프로젝트와 대뇌피질을 컴퓨터로 시뮬레이션하는 프로젝트를 주도했다.

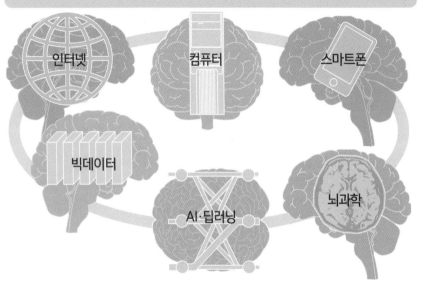

인터넷

컴퓨터

스마트폰

빅데이터

AI·딥러닝

뇌과학

그는 단순한 뉴럴 네트워크를 여러 층으로 만들고, 독자적인 피드백 기능을 부여해서 화상인식 시스템에 사용했다. 때마침 뇌신경학자인 안토니오 R. 다마지오 등이 fMRI(기능적 자기 공명 영상)와 같은 신기술로 인간 뇌의 인지기능 구조를 설명하고 있었다. 뇌과학 지식을 반영하여 만든 다중 구조 뉴럴 네트워크는 화상인식 실험에서 인간보다 더 정확하게 이미지를 인식했다. 이렇게 AI 연구는 새로운 단계로 나아갔다. 컴퓨터가 인간을 뛰어넘는 화상인식 능력을 지녔다는 것은 기계가 눈을 가지게 됐다는 의미다. 외부 상황을 이미지로 인식해서 대상을 식별하고, 상황을 3차원으로 파악할 수 있어서 다양한 가능성이 열린 것이다. 최근 화제의 중심에 있는 자동운전 자동차도 이 기술의 연장선이다. 딥러닝은 단순히 화상인식에 머무르지 않고 기존 머신러닝의 정확도를 비약적으로 높일 수 있다. 음성인식, 언어이해 기술도 발전시킬 수 있다.

미국의 구글, 페이스북, 아마존과 같은 IT 기업은 이러한 가능성에 주목하여 AI 기술에 투자하고 있다. 현재의 AI 붐이 미국 서부에 있는 기업을 중심으로 일어난 것에는 이러한 이유가 숨어 있다.

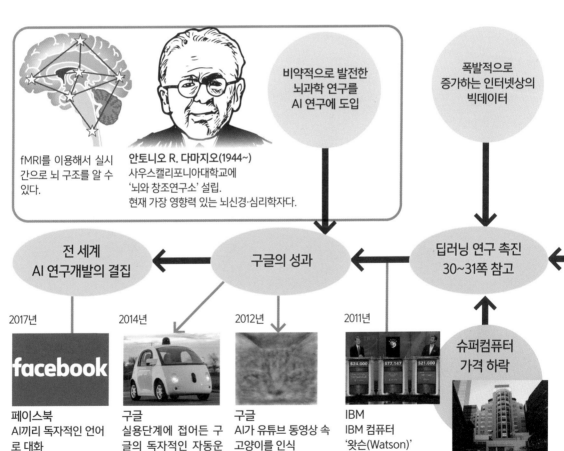

fMRI를 이용해서 실시간으로 뇌 구조를 알 수 있다.

비약적으로 발전한 뇌과학 연구를 AI 연구에 도입

폭발적으로 증가하는 인터넷상의 빅데이터

안토니오 R. 다마지오(1944~)
사우스캘리포니아대학교에 '뇌와 창조연구소' 설립.
현재 가장 영향력 있는 뇌신경·심리학자다.

전 세계 AI 연구개발의 결집

구글의 성과

딥러닝 연구 촉진 30~31쪽 참고

슈퍼컴퓨터 가격 하락

2017년

페이스북
AI끼리 독자적인 언어로 대화

새로 개발한 챗봇끼리 AI가 만든 독자적인 언어로 대화

2014년

구글
실용단계에 접어든 구글의 독자적인 자동운전 자동차

구글이 개발한 자동운전 자동차가 약 112만 킬로미터 주행시험을 시행

2012년

구글
AI가 유튜브 동영상 속 고양이를 인식

구글이 개발한 AI가 유튜브의 무수한 동영상에서 고양이를 성공적으로 인식

2011년

IBM
IBM 컴퓨터 '왓슨(Watson)'

퀴즈프로그램 <제퍼디!>에서 인간에 승리하여 상금 100만 달러 획득

매사추세츠 종합병원 담당자는 최첨단 AI 의료가 가능해진 것은 소형 슈퍼컴퓨터 가격이 예전의 10분의 1이 되어서라고 말했다.

‘강한 AI’는 인간의 뇌를 모델로 만들었다

강한 AI와 약한 AI

강한 AI와 약한 AI

AI 연구개발 현장에서는 AI를 ‘강한 AI’와 ‘약한 AI’로 나눈다. 강한 AI는 초기 연구자들이 꿈꿨던, 인간보다 똑똑한 AI다. 약한 AI는 강한 AI를 만들려던 시도가 좌절된 다음 컴퓨터의 능력에 맞춰서 실현할 수 있는 목표를 재설정한 끝에 현재에 이른 AI다. 계산은 잘하지만, 인간의 지능보다는 낮다는 의미이기도 하다.

강한 AI가 가졌다는 인간보다 뛰어난 지능이란 어떤 것일까? 여기서는 먼저 간단하게 컴퓨터와 인간의 장점을 정리해보자. 컴퓨터는 계산력, 계산 속도, 정확도, 획득한 정보를 공유하는 능력이

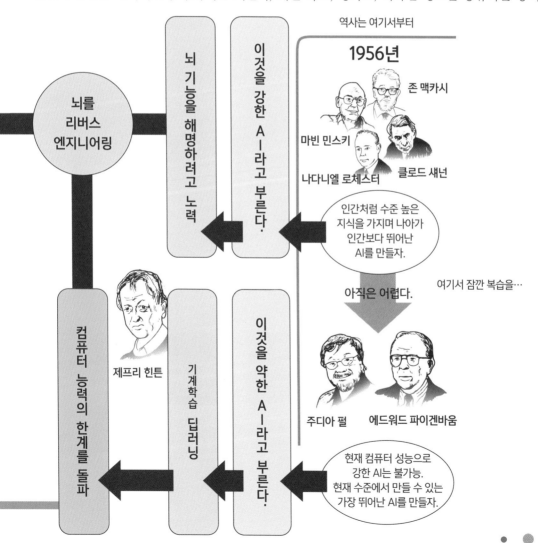

뛰어나다. 한편 인간에게는 주변의 복잡한 세계를 거의 직감으로 파악하고 연쇄적으로 생각을 부풀려가는 능력이 있다. 이것이 바로 컴퓨터가 가장 뒤처지는 프레임 문제다.

　인간이 가진 능력과 컴퓨터의 압도적인 계산능력을 결합하면 인간을 초월하는 AI를 만들 수 있다. 연구자들이 꿈꾼 강한 AI다. 이를 위해 연구자들은 인간 뇌의 구조를 해명하려 했다. 앞에서 소개한 안토니오 R. 다마지오 등이 이룬 최신 뇌과학 업적이 AI 연구를 뒷받침했다. 또한 뇌의 작용을 이미지로 외부에서 실시간으로 확인할 수 있는 fMRI와 같은 장치의 등장이 큰 역할을 했다. 인간이 감정을 느끼면 뇌의 특정 부분에서 피의 흐름이 많아진다. fMRI는 그 순간 뇌의 모습을 구조적으로 보여준다.

　뇌과학자와 AI 연구자는 이런 기술을 사용하여 리버스 엔지니어링을 시도했다. 리버스 엔지니어링은 소프트웨어 공학의 한 분야로, 완성된 제품을 분석하여 제품의 기본적인 설계 개념과 적용 기술을 파악하고 재현하는 것이다. 연구자들은 뇌 기능을 몇 가지 구성 요소로 나눠서 컴퓨터의 사고 모델을 만들었다.

　이렇게 만들어진 컴퓨터의 사고 모델이 뇌의 시각 인식 구조 모델이다. 최근에는 인간 뇌 전체를 모델로 만들기 위해 도전하고 있다. 이제 인간 사고 모델과 컴퓨터의 압도적인 계산 속도를 결합한 강한 AI의 탄생이 머지 않았다.

　현재 AI 연구자들 앞을 가로막고 있는 가장 큰 장벽은 인간처럼 생각하는 AI가 자아를 가질 수 있느냐는 것이다. 이 질문에 대한 답은 아직 아무도 모른다.

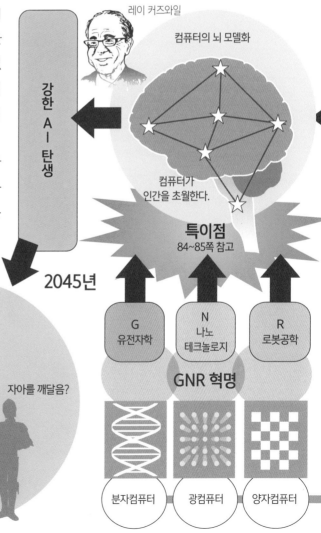

레이 커즈와일

컴퓨터의 뇌 모델화

강한 AI 탄생

컴퓨터가 인간을 초월한다.

특이점
84~85쪽 참고

2045년

나는 왜 나인가

?

자아를 깨달음?

G
유전자학

N
나노
테크놀로지

R
로봇공학

GNR 혁명

분자컴퓨터

광컴퓨터

양자컴퓨터

진화하는 AI는 우리에게 어떤 영향을 줄까?

AI가 인간 사회에 몰고 올 다양한 변화

우리 사회는 그동안 과학자들이 새로운 통찰로 만들어낸 사고와 기술로 다양한 변화를 경험해왔다. 전기에너지와 내연기관이 인간의 이동과 도시의 모습을 바꾼 것처럼 AI의 등장은 예전 기술로 구축한 인간 사회의 바탕에 영향을 줄 것이다.

AI의 영향은 그전까지 기술이 미친 여파와는 크게 다르다. 사회뿐 아니라 인간에게 직접적인 큰 작용을 하기 때문이다. 인간의 사고력이 AI로 대체될 가능성이 있다.

IMPACT ← 기존 산업구조 변화

IMPACT ← 새로운 비즈니스 영역을 만들어내는 AI

현재

기존 산업구조 변화	새로운 비즈니스 영역을 만들어내는 AI
교통 인프라 변환	새로운 추론
자동차 산업 재편	자동차 자동운전
제조 산업 재편	자율적인 범용 로봇
각종 서비스 산업 변모	자연언어 서비스
각종 일반 사무직의 AI화	범용 지적작업 AI
정부 기관·싱크탱크의 변모	높은 수준의 범용 시뮬레이션
양자컴퓨터	인지 컴퓨터

AI의 영향

사고 규칙을 정형화할 수 있고, 목표가 명확한 사무업무는 인간보다 컴퓨터가 잘할 것이다. 거기서 그치지 않고 AI가 방대하고 잡다한 전 세계 규모의 데이터에서 인간 두뇌로는 알아차릴 수 없는 변화의 징조를 추출할 수 있다. 또한 이를 직접 재편집해서 현실의 인간 사회를 바꾸는 SF소설 같은 일도 일어날 수 있다. 산업계는 AI를 궁극의 효율화를 실현하는 도구로써 다양한 업무 현장에 도입할 것이다. 그 영향이 어떻게 파급될지를 그물망처럼 연쇄 변화로 보여주는 것이 아래의 그림이다.

초기에 AI는 개별 사업 상황에 도입되어 해당 산업구조에 영향을 줄 것이다. 변화한 산업구조는 사회 시스템에도 영향을 미쳐, 결과적으로 우리의 인식도 변할지 모른다.

이러한 변화가 앞으로 20~30년 동안 진행된다면 어떻게 될까? AI의 능력이 인간을 넘어서서 생물학적 한계를 넘을 때, 현재 인류가 가지고 있는 복잡한 문제는 어떻게 변할까?

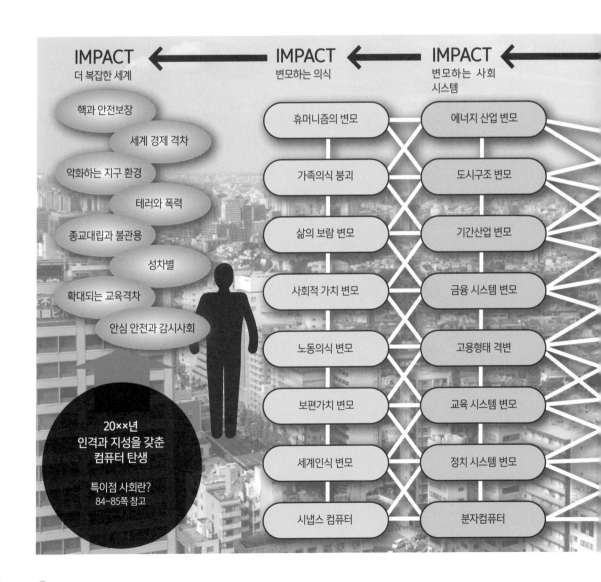

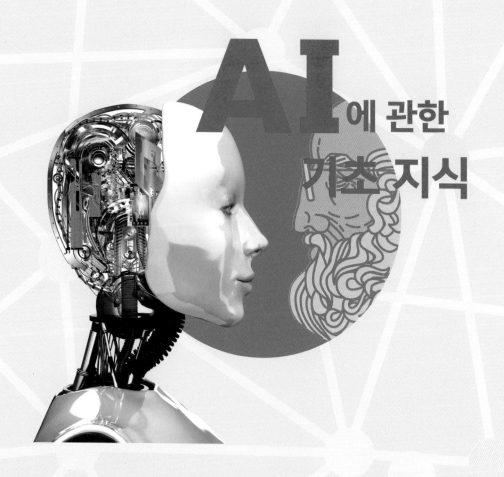

2장

AI에 관한 기초 지식

AI 머신러닝의 시작, 대량 데이터의 분류

머신러닝

엄청난 속도로 조건을 좁혀간다

인간의 학습을 생각해보자. 책상 위에 인터넷 정보, 자료 사진, 통계 그래프 등 자료들이 잔뜩 있다. 인간이 먼저 하는 일은 이 잡다한 자료 속에서 학습에 필요한 자료를 찾아내는 것이다. 간단하게 말하면, 이 작업을 컴퓨터가 초고속으로 시행하는 것이 기계학습, 머신러닝이다.

머신러닝에는 크게 두 종류가 있다. 하나는 미리 필요한 자료를 알고 있는 경우다. '1980년대의 일본 아이돌 가수 변천에 관한 고찰'이라는 주제가 있다면, 먼저 야마구치 모모에의 데이터가 필

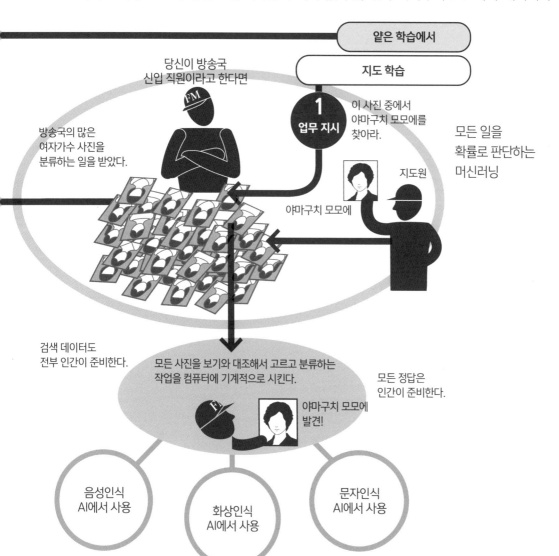

요하다. 야마구치 모모에의 얼굴 사진과 이름을 키워드로 해서 학습자는 산더미 같은 자료를 하나하나 점검해서 관련 자료를 찾는다. 이렇게 정답이 존재하고, 자료를 전부 뒤져서 이 답을 찾는 방법이 '지도 학습'이다. 다른 하나는 '비지도 학습'이라 부르며 정답이 미리 존재하지 않는 상황이다. 예컨대 많은 1980년대 가수 중에서 대표적인 아이돌 가수는 누구냐는 설문이 있다고 하자. 1980년대이므로 사진은 컬러일 것이다. 그러면 컴퓨터는 사진 속 복장이 미니스커트일 확률은 60% 이상, 헤어스타일이 세이코 커트(인기가수 마츠다 세이코가 1980년대 초반에 유행시킨 헤어스타일-옮긴이)일 확률은 80%라고 분류한다. 이런 방법을 '클러스터링'이라 부른다. 컴퓨터는 클러스터링을 반복해서 가장 일치하는 가수는 마츠다 세이코라고 답할 것이다. 이 작업을 질리지도 않고 24시간 초고속으로 시행하는 것이 머신러닝이다.

컴퓨터는 인간처럼 인과율로는 절대 생각하지 않는다. 전체를 보고 그 안에서 높은 확률로 정답의 가능성을 좁혀서 인간을 뛰어넘는 추론능력을 발휘한다.

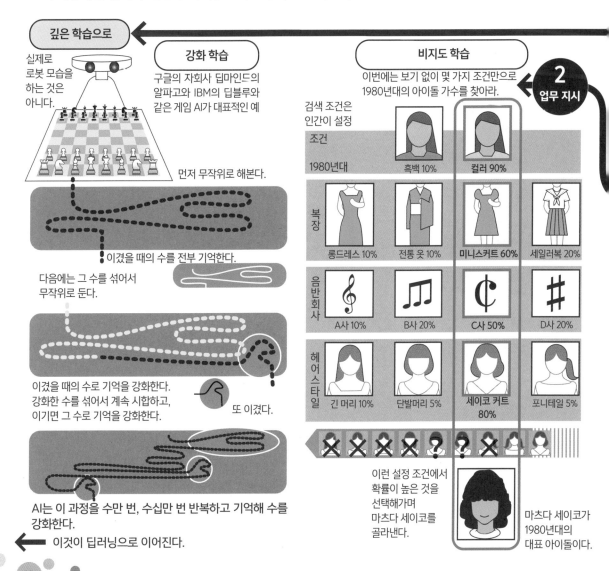

깊은 학습으로

실제로 로봇 모습을 하는 것은 아니다.

강화 학습

구글의 자회사 딥마인드의 알파고와 IBM의 딥블루와 같은 게임 AI가 대표적인 예

먼저 무작위로 해본다.

이겼을 때의 수를 전부 기억한다.

다음에는 그 수를 섞어서 무작위로 둔다.

이겼을 때의 수로 기억을 강화한다. 강화한 수를 섞어서 계속 시합하고, 이기면 그 수로 기억을 강화한다.

또 이겼다.

AI는 이 과정을 수만 번, 수십만 번 반복하고 기억해 수를 강화한다.

이것이 딥러닝으로 이어진다.

비지도 학습

이번에는 보기 없이 몇 가지 조건만으로 1980년대의 아이돌 가수를 찾아라.

2 업무 지시

검색 조건은 인간이 설정

조건			
1980년대		흑백 10%	컬러 90%
복장	롱드레스 10%	전통 옷 10%	미니스커트 60% / 세일러복 20%
음반회사	A사 10%	B사 20%	C사 50% / D사 20%
헤어스타일	긴 머리 10%	단발머리 5%	세이코 커트 80% / 포니테일 5%

이런 설정 조건에서 확률이 높은 것을 선택해가며 마츠다 세이코를 골라낸다.

마츠다 세이코가 1980년대의 대표 아이돌이다.

2 딥러닝

뇌 구조를 흉내 낸 딥러닝 시대로

스스로 머신러닝을 반복한다

AI 연구가 새로운 단계로 나아간 계기는 머신러닝의 하나인 '딥러닝(심층학습)'이라는 학습법의 등장이다. 이는 인간의 뇌 신경회로를 본뜬 뉴럴 네트워크라는 계산 모델을 바탕으로 한다.

뉴럴 네트워크는 AI 연구의 초기 단계부터 존재했다. 생물의 뇌에 있는 뉴런(신경세포)은 여러 개의 시냅스에서 전기자극을 받아서 0이나 1이라는 정보로 출력한다. 연구자들은 이 출력 결과를 몇 개 겹쳐서 인간의 사고를 시뮬레이션할 수 있을 것으로 생각했다. 미국의 심리학자 로젠블라트는 이를 통해 '퍼셉트론'이라 불리는 AI 모델을 고안했다.

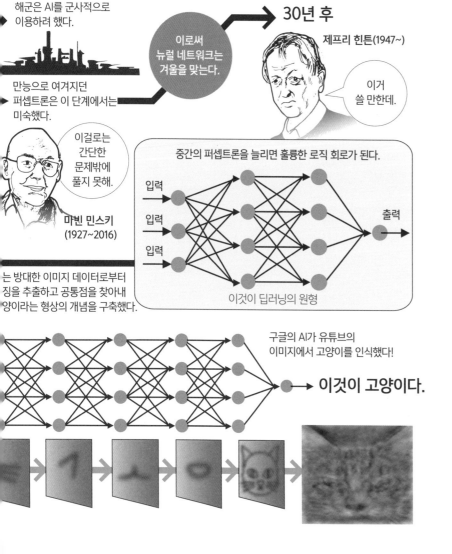

해군은 AI를 군사적으로 이용하려 했다.

이로써 뉴럴 네트워크는 겨울을 맞는다.

30년 후

제프리 힌튼(1947~)

이거 쓸 만한데.

만능으로 여겨지던 퍼셉트론은 이 단계에서는 미숙했다.

이걸로는 간단한 문제밖에 풀지 못해.

마빈 민스키
(1927~2016)

중간의 퍼셉트론을 늘리면 훌륭한 로직 회로가 된다.

입력 → 출력

이것이 딥러닝의 원형

는 방대한 이미지 데이터로부터 징을 추출하고 공통점을 찾아내 양이라는 형상의 개념을 구축했다.

구글의 AI가 유튜브의 이미지에서 고양이를 인식했다!

이것이 고양이다.

1960년대에는 퍼셉트론이 있으면 고도의 사고 모델을 얻을 수 있을 것으로 기대했다. 그러나 민스키는 이런 단순한 모델로는 초등학교 산수 문제도 풀 수 없다고 비판했다. 실의에 빠진 로젠블라트가 곧 불의의 사고로 세상을 떠나면서, AI 연구는 파이겐바움이 제창한 엑스퍼트 시스템으로 옮겨갔다.

하지만 딥러닝의 기수인 제프리 힌튼은 퍼셉트론의 가능성을 믿고 힘든 시절을 견디며 연구를 계속했다. 그는 퍼셉트론을 조합하여 다층 구조로 만들고, 각 단위에 정보를 피드백하는 기능을 부여했다. 이것이 바로 인간처럼 다층 정보로부터 모든 일을 인식하는 딥러닝의 시작이다.

그는 이 시스템을 화상인식 머신러닝에 적용했다. 그 결과, 인간의 인식능력을 초월할 정도로 정확해서 세상을 놀라게 했다. 이 화상인식 시스템은 인간이 지시를 내리지 않아도 자동으로 이미지 속에서 특징을 추출하여 가장 적합한 클러스터링을 거듭한다. 이후 그 특징을 기억·학습하며 스스로 능력을 높여간다.

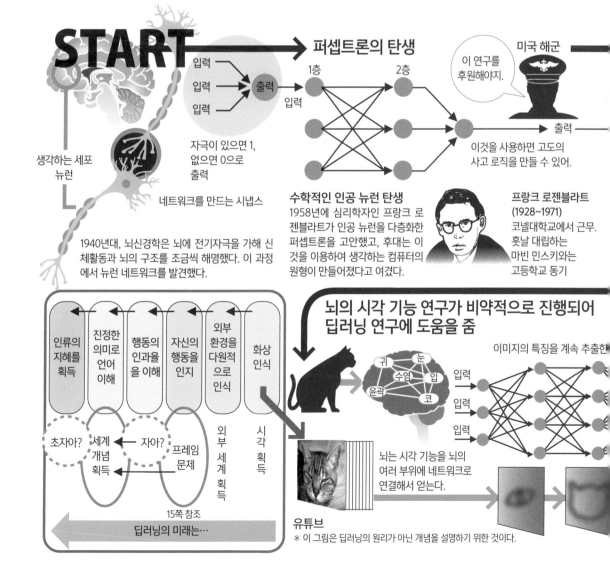

'음성·언어 인식', 컴퓨터가 사람의 언어를 이해하다

언어를 이해하기 시작한 AI

"내일 날씨 어때?"라고 말하면 일기예보를 알려주고, "기분 좋은 음악을 틀어줘"라고 말하면 적당한 음악을 틀어준다. 이렇게 인간의 말에 대응하는 AI 장치가 잇달아 등장하고 있다.

인간과 의사소통할 수 있는 기술은 컴퓨터에 가장 어려운 문제였다. 앞서 AI 개발 초기 단계에 높은 장벽으로 연구자들이 망연자실했다고 말한 바 있다. 인간 언어의 가치를 정의하고 그 배경에 존재하는 광대한 의미를 컴퓨터에 가르치는 것이 얼마나 어려운지를 깨달았기 때문이다.

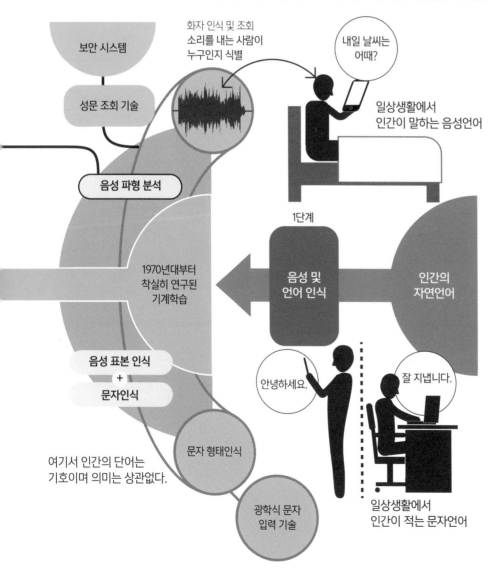

컴퓨터가 인간 언어를 이해하는 데에는 몇 가지 장애물이 존재한다. 먼저 인간이 내뱉는 언어를 음성으로 듣고 문자로 표기 → 인식 → 이해의 단계를 거친다. 그리고 컴퓨터가 스스로 언어를 선택하여 인간과 커뮤니케이션을 해야 한다. 이런 일련의 움직임이 매끄럽게 이루어져야만 비로소 AI가 언어를 이해했다고 할 수 있다.

인간이 내뱉는 음성을 인식하는 연구는 AI 연구 초창기부터 진행되었다. 인간의 언어는 센서를 통해 공기의 진동으로 입력된다. 이 진동을 수치화해서 음의 기본 요소인 음소로 환원한다. 이때 필요한 것이 참조 표본 역할을 하는 음성 데이터다. 표본이 많을수록 그만큼 인식률은 높아진다.

이렇게 해서 음성은 문자언어로 변환할 수 있지만, 여기에는 큰 문제가 있다. 인간의 언어는 매우 애매하기 때문이다. 같은 단어지만 문맥에 따라 의미가 다르거나, 소리가 같지만 다른 단어이거나, 때로는 문맥 속에서 생략되기도 한다. 이와 같은 인간의 애매한 언어 사용에 대해 AI 연구자는 확률과 통계로 대응했다. 여기서도 딥러닝이 활약했다.

음성과 문자를 인식한 다음은 의미 이해 단계다. 이 단계에는 언어와 그것에 대응하는 세계의 깊은 지식이 담긴 데이터베이스가 필요하다. IBM의 왓슨은 백과사전부터 신문, 소설, 사전, 성경, 위키피디아에 이르기까지 800만 권이나 되는 분량의 데이터를 기억하고 있다. 이 데이터베이스를 참조해서 단어가 의미하는 것을 추론하고 상대가 의도하는 바를 이해한다. 이런 기능을 현재의 AI가 갖추기 시작했다.

예전에는 일정한 기계적 규칙에 따른 대답밖에 하지 못해서 '인공 무능'이라 야유받던 컴퓨터가 드디어 진정한 의미에서 AI가 되어가고 있는 것이다.

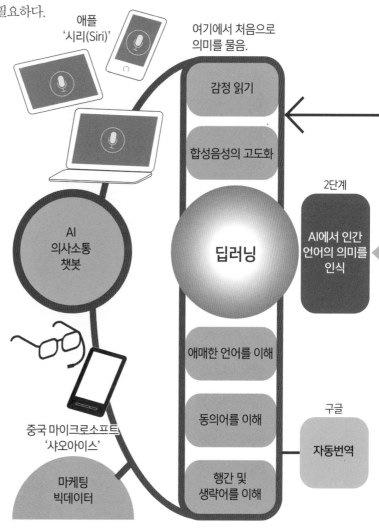

애플
'시리(Siri)'

여기에서 처음으로
의미를 물음.

감정 읽기

합성음성의 고도화

2단계

AI에서 인간
언어의 의미를
인식

AI
의사소통
챗봇

딥러닝

애매한 언어를 이해

동의어를 이해

구글

자동번역

중국 마이크로소프트
'샤오아이스'

마케팅
빅데이터

행간 및
생략어를 이해

4 빅데이터 | AI, 슈퍼컴퓨터와 빅데이터를 결합하다

방대한 데이터를 사용할 수 있는 정보로 변환

AI는 딥러닝을 사용하여 방대한 데이터를 초고속으로 검증하고 판단의 정확도를 비약적으로 높였다. AI에 있어서 검증 데이터는 맛있는 먹이와 같다. 1980년대에는 아직 그 먹이가 충분하지 않았다.

그로부터 30년이 지난 현재, 세계에는 데이터가 넘치고 있다. 인터넷과 같은 네트워크로 매일 집적되는 방대한 데이터를 '빅데이터'라고 부른다. 예를 들어, 검색 대기업인 구글의 사용자 수는 약 20억 명으로 추정한다. 대형 SNS 기업 여섯 군데 사용자의 누계는 42억 명에 이른다. SNS에서 집적되는 데이터만으로도 매일 1페타바이트(PB. 2의 50제곱 바이트. 테라바이트의 약 1,000배-옮긴이)를 넘으며, 매일 증가한다.

처리할 대량 데이터 없음

추론능력만 있음

AI 응용 프로그램 없음

엔진만으로는 도움이 되지 않는다.

컴퓨터를 자동차 엔진에 비유하면

입력과 출력이 없는 컴퓨터였다.

입력

연료를 넣고

엔진을 가동

출력

자동차를 달리게 만드는 시스템에 파워를 전달

하지만 쓸 만한 수준이 되지 못했다! 왜?

세계 최초의 AI 컴퓨터

개발비 570억 엔

1982년부터 정부기관 주도로 추진된 비 노이만형 병렬처리 추론 컴퓨터. AI 추론 머신으로 기대를 모으며 약 10년간 개발되었으나

먼 옛날 일본에는 제5세대 컴퓨터가 있었다!

이렇게 인터넷 속 개인의 방대한 행동기록은 각 기업에 축적되고, 기업은 AI로 이것을 분석하여 검색 광고를 비롯한 다양한 분야에서 이용한다. 그밖에도 교통기관, 날씨, 위성 측량, 보안 감시 등에서 얻는 공공 데이터의 양도 엄청나다.

축적된 데이터들은 그 자체로 사용할 수 없다. 수많은 데이터 속에서 가치 있는 정보와 새로운 통찰을 발굴해내는 것을 '데이터마이닝'이라 부른다. AI는 데이터를 해석하면서 인간이 생각하지도 못한 정보를 캐내기도 한다.

딥러닝은 데이터마이닝에 크게 공헌하고 있다. 슈퍼컴퓨터와 빅데이터가 함께 갖춰져 딥러닝이 가능해지면서, 현재 AI는 진짜 실력을 발휘하고 있다.

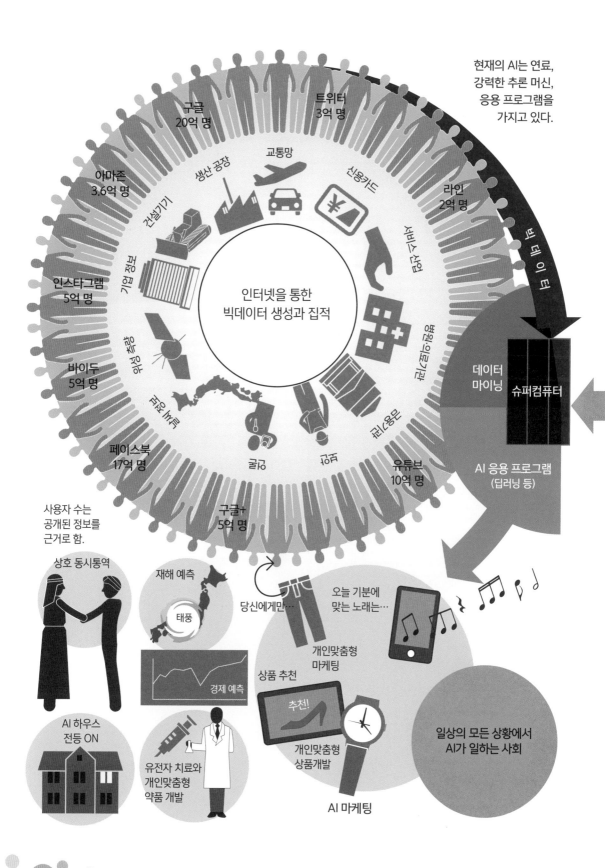

현재의 AI는 연료,
강력한 추론 머신,
응용 프로그램을
가지고 있다.

구글
20억 명

트위터
3억 명

아마존
3.6억 명

라인
2억 명

생산 공장

교통망

신용카드

건설기기

인스타그램
5억 명

기상 관측

인터넷을 통한
빅데이터 생성과 집적

바이두
5억 명

빅 데 이 터

페이스북
17억 명

데이터
마이닝

슈퍼컴퓨터

유튜브
10억 명

AI 응용 프로그램
(딥러닝 등)

구글+
5억 명

사용자 수는
공개된 정보를
근거로 함.

상호 동시통역

재해 예측

태풍

당신에게만…

오늘 기분에
맞는 노래는…

개인맞춤형
마케팅

경제 예측

상품 추천

추천!

AI 하우스
전등 ON

유전자 치료와
개인맞춤형
약품 개발

개인맞춤형
상품개발

일상의 모든 상황에서
AI가 일하는 사회

AI 마케팅

35

5 자동운전

AI를 장착하고
자동운전으로 나아가는 자동차

자동운전 1단계
부분적인 자동 충돌방지

STOP

자동운전 2단계
준 자동운전

AI가 가속과 감속,
커브, 차선 변경
등을 제어

자동운전 3단계
고도의 자동운전

긴급 상황에서만
인간이 조종

자동운전 4단계
완전한 자동운전

운전은 AI에
전부 맡김

자동운전의 핵심은 3D 이미지 처리

그동안 자동차 자동운전 기술은 컴퓨터 기계 제어 기술의 발전과 함께 연구가 진행되어 왔다. 그 획기적인 성과가 미국 인터넷 산업에서 나타난 것은 놀랄만한 일이다. 그렇지만 자동운전의 기반 기술을 알게 되면, 당연한 결과라고도 할 수 있다.

현재 자동운전 자동차의 핵심 기술은 3D 이미지를 초고속으로 처리하는 반도체에 있다. 자동차는 도로가 어떤 상황인지를 실시간으로 알아야 한다. 그 정보는 고정밀 카메라, 레이더, 적외선과 같은 센서로 모은다. 하지만 이런 센서가 아무리 성능이 높아져도 데이터 처리가 느려서 3D 정보를 실시간으로 조작할 수 없다면, 자동운전에 사용할 수 없다. 이러한 3D 이미지 정보를 초고속으로 정확하게 연산 처리할 수 있는 반도체의 등장은 IT 기업과 테슬라의 자동운전 기술을 결정적으로 향상시켰다.

이 반도체를 만든 회사는 게임용 반도체로 알려진 미국의 엔비디아다. 게임용 반도체는 이미지 처리 속도가 생명이다. 게다가 게임이 3D로 만들어지면서 처리하는 정보량이 급증했다. 그래서 엔비디아는 독자적으로 3D 이미지 처리를 칩 하나로 처리하는 GPU(이미지 처리 반도체)를 개발했다. GPU의 등장으로 자동차는 자동운전을 할 수 있는 눈을 얻게 되었다.

자동운전과 함께 전기자동차의 실용화도 기존 자동차 제조사와는 전혀 다른 전략으로 진행되고 있다. 전 세계 자동차 업계를 크게 흔들고 있는 자동운전 자동차와 전기자동차, 이 2가지를 서로 연동하여 개발하는 현재 상황을 자세히 살펴보자.

1 3D 이미지를 초고속으로 처리하는 GPU 탄생

게임용 반도체 제조사였던 엔비디아가 3D 이미지 처리기술을 통해 자동차용 GPU 개발. 이 GPU가 AI 자동운전의 핵심 장치다. 도시락 크기 맥북프로 150대의 처리능력을 발휘한다.

nVIDIA GEFORCE GTX 280

2 초고감도 카메라와 센서로 자동차 밖 환경을 3D로 파악

3D 카메라
나이트비전 카메라
밀리파 레이더
GPS 센서

3D 지도 시스템
초음파 센서
자동차 센서(속도, 가속도, 자이로 등)

3가지 AI는 자동운전 자동차의 눈과 손발이 된다.

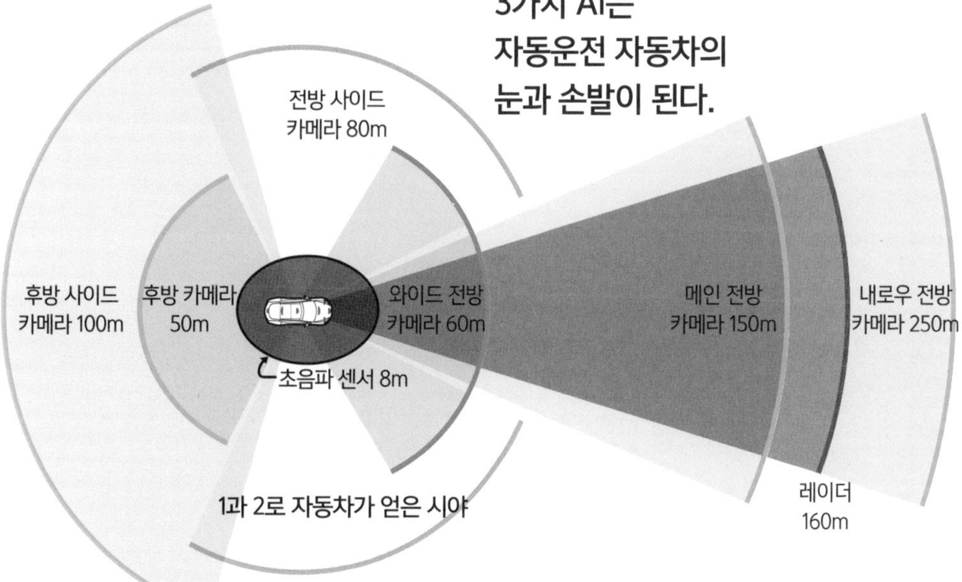

유럽, 일본 제조사는 실현

닛산 등이 실현

테슬라가 실현

구글이 실현?

전방 사이드 카메라 80m

후방 사이드 카메라 100m

후방 카메라 50m

와이드 전방 카메라 60m

초음파 센서 8m

메인 전방 카메라 150m

내로우 전방 카메라 250m

레이더 160m

1과 2로 자동차가 얻은 시야

전기자동차 선두 주자인 테슬라의 센싱 시스템

3 자동조종을 실현하는 AI 딥러닝

파일럿 네트
운전자의 몸짓, 시선, 행동으로 기본적인 자동차 운전을 배운다.

드라이브 네트
3D 이미지 해석으로 자동차 외부 상황을 판단하는 법을 배운다.

오픈로드 네트
안전하게 자동차를 조작하는 법을 배운다.

딥러닝을 통해 얻은 안전운전 시스템

엔비디아의 자동운전(auto pilot)

AI와 전기자동차화

테슬라, 중국과 손을 잡다

2017년 9월, 중국 정부는 2019년부터 중국 내에서 판매하는 자동차의 일정 부분을 전기자동차화한다고 발표했다. 언젠가는 휘발유 자동차를 전면 금지할 것이라고도 밝혔다.

중국의 갑작스러운 발표는 전 세계 자동차 업계에 큰 충격을 안겼으나, 중국 정부는 주도면밀하게 자국 내 교통기관의 전면 전기자동차화를 준비하고 있었다.

베트남과 국경을 접하는 중국 남부의 광시좡족자치구의 중심도시 난닝. 인구 720만 명의 이 도시에서 중국 정부는 2010년 이전부터 시내 교통기관을 전기화하는 대규모 실험을 진행해 왔다. 이

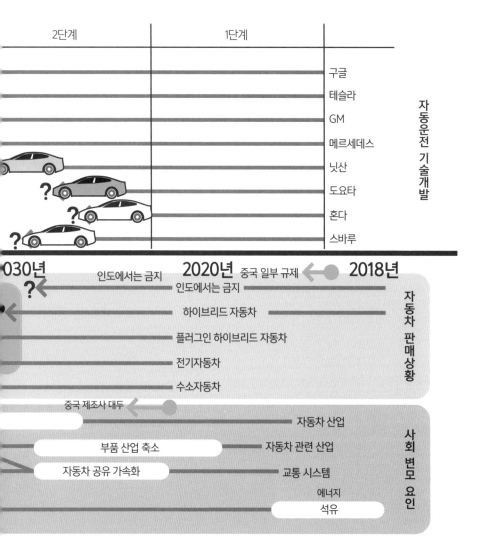

도시의 거리를 달리는 오토바이는 모두 전동이고, 트럭도 모터로 달린다. 주민들은 난닝이 공기가 깨끗한 환경 도시인 것을 자랑스러워한다. 이와 같은 중국 정부의 휘발유 자동차 금지 정책은 중장기적인 전략을 바탕으로 한 것이다. 중국의 중소 자동차 제조사는 경쟁적으로 전동 바이크와 전기 자동차를 개발하여 난닝 거리를 무대로 실험을 거듭하고 있다.

중국 정부의 이런 발표와 동시에 미국의 테슬라는 중국에서 생산 및 판매 계획을 발표했다. 테슬라는 전기자동차와 AI 자동운전 자동차 분야에서 세계 선두 주자다. 중국 정부와 테슬라 모두 기존 자동차 산업에 대해 국면 전환을 추구한다는 점에서 의미가 있다.

아래의 그림은 자동차의 AI 자동운전과 전기자동차화가 기존 자동차 산업에 어떤 압력을 가하고, 그 결과로 어떤 일이 일어날지를 대강 예측한 것이다. 이 변화는 예상보다 늦어질 수 있지만, 틀림없이 자동차 사회의 흐름을 바꿀 것이다. 이 흐름의 변화는 AI가 우리 사회를 바꾼다는 점을 가장 쉽게 알 수 있는 척도다. 자동차 제조사는 이런 변화의 파도를 어떻게 헤쳐나갈까?

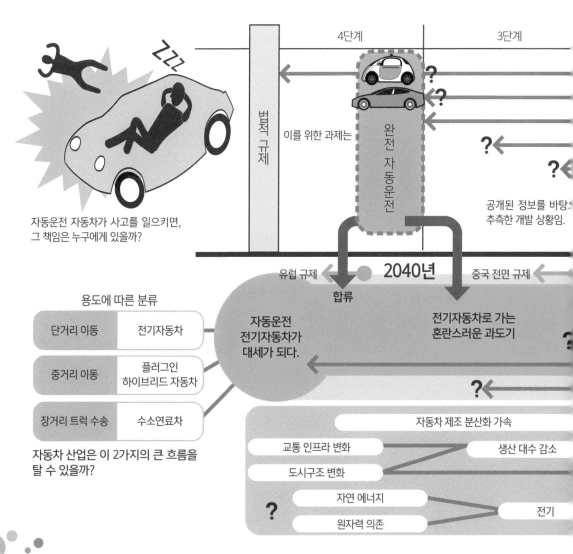

자동운전 자동차가 사고를 일으키면, 그 책임은 누구에게 있을까?

용도에 따른 분류

단거리 이동	전기자동차
중거리 이동	플러그인 하이브리드 자동차
장거리 트럭 수송	수소연료차

자동차 산업은 이 2가지의 큰 흐름을 탈 수 있을까?

4단계　　3단계

법적 규제

이를 위한 과제는

완전 자동운전

공개된 정보를 바탕. 추측한 개발 상황임.

유럽 규제　　2040년　　중국 전면 규제

합류

자동운전 전기자동차가 대세가 된다.

전기자동차로 가는 혼란스러운 과도기

자동차 제조 분산화 가속

교통 인프라 변화　　생산 대수 감소

도시구조 변화

자연 에너지　　전기

원자력 의존

빅데이터 해석에 필수적인 슈퍼컴퓨터의 초월적 진화

1946년
세계 최초의 컴퓨터
에니악(ENIAC)

에니악의 성능을
지구 질량이라고 하면

연산능력은 초당 5,000회

최신 스마트폰에서
사용하는 CPU
(예: A11 Bionic)

연산능력은
초당 6,000억 회

컴퓨터의 성능은 앞으로 10년이면 한계

세계 최초 범용 컴퓨터인 에니악의 연산능력은 초당 5,000회였다. 현재 세계에서 가장 빠른 중국의 슈퍼컴퓨터는 초당 93×1,000조 회의 연산능력을 갖고 있다. 에니악의 성능을 지구 질량 정도라고 한다면, 중국의 슈퍼컴퓨터는 그림에 표시할 수 없을 정도로 거대하다.

컴퓨터의 성능은 매우 놀랍게 발전해왔지만, 현재 한계에 이른 것이 아니냐는 지적도 있다. 컴퓨터의 핵심 부품인 CPU의 소형화와 트랜지스터(반도체를 3겹 접합하여 만든 전자회로 구성요소) 집적도가 한계에 가까워져서다. 2년마다 트랜지스터 집적로가 2배가 증가한다는 '무어의 법칙'이 더는 통하지 않는 시대가 온 것이다.

전 세계 연구자들은 컴퓨터의 이러한 한계를 극복하는 방법을 모색하고 있다. 가장 기대를 모으는 것은 양자컴퓨터다. 양자의 특성을 이용해서 0, 1로 현재 한정된 계산의 한계를 깨뜨리려 하고 있다. 양자컴퓨터는 동시에 0과 1의 상태를 가질 수 있어서 여러 가지를 동시에 병렬 계산할 수 있을 것으로 기대한다. 양자컴퓨터는 캐나다, 일본 등에서 개발 중이며, 계산능력은 현재 슈퍼컴퓨터의 수억 배로 추정된다. 그렇지만 아주 미세하고 불안정한 양자를 제어하는 등 넘어야 할 산이 많아서 앞으로 범용 컴퓨터가 될 수 있을지는 의문이다.

한편에서는 AI 연구 초창기부터 등장했던 뇌의 뉴런과 시냅스 구조를 본뜬 시냅스 컴퓨터를 연구하고 있다. 시냅스 컴퓨터는 현재 AI의 사고방법인 딥러닝을 더 빠르고 정확하게 실행할 수 있다. 이를 위한 새로운 칩도 개발되어 현재의 병렬처리 컴퓨터 능력을 넘어서려는 상황이다.

이처럼 차세대 범용 슈퍼컴퓨터가 실현되면, AI가 인간 지능을 넘어설 것으로 예측된다.

※ 그림 크기 비교는 이해를 돕기 위한 이미지임.

태양 질량은
지구의 약 33만 배

현재 스마트폰의 CPU는
태양의 364배 성능을 가짐.

이러한 컴퓨터의 성능이 AI 실용화에 큰 역할을 함.

슈퍼컴퓨터의 성능은 훨씬 뛰어남.

2017년 기준으로 세계에서 가장 빠른
슈퍼컴퓨터는 초당 93페타(peta)
연산을 수행

93페타를 숫자로 표현하면
93,000,000,000,000,000회
참고로 스마트폰은
600,000,000,000회
양자역학 계산, 유전자 계산 등 빅데이터를
다루려면 슈퍼컴퓨터 성능이 필수적임.

중국에서 만든 슈퍼컴퓨터
'선웨이 타이후즈광(Sunway TaihuLight)'

8 3D 이미지 센서
고정밀 3D 센서로 단숨에
우리 생활에 등장한 AI

3D 눈을 가진 AI 탑재기기

앞서 AI의 자동운전 기술에서 빼놓을 수 없는 것으로 3D 이미지 정보를 고속 처리하는 GPU를 소개했다. 이번에는 GPU가 처리하는 3D 이미지 데이터를 입력하고 출력하는 3D 이미지 센서에 관해 자세하게 살펴보자.

우리가 일상에서 사용하는 디지털카메라와 스마트폰 카메라에는 이미지 센서가 들어 있다. 이미지 센서는 빛을 받아서 그 정보를 전기 신호로 변환하는 부품이다. 렌즈로 들어온 빛을 이미지 센

3D 이미지 센서

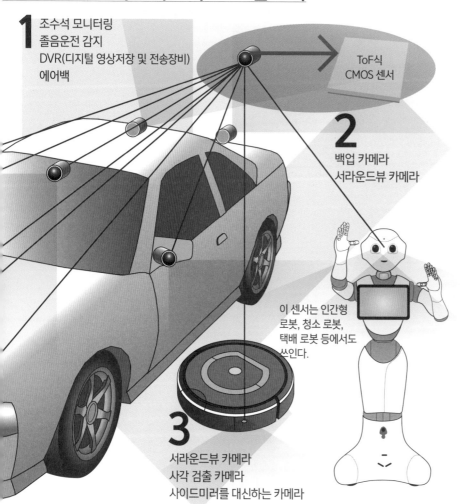

1 조수석 모니터링
졸음운전 감지
DVR(디지털 영상저장 및 전송장비)
에어백

ToF식
CMOS 센서

2 백업 카메라
서라운드뷰 카메라

이 센서는 인간형
로봇, 청소 로봇,
택배 로봇 등에서도
쓰인다.

3 서라운드뷰 카메라
사각 검출 카메라
사이드미러를 대신하는 카메라

서에 늘어선 빛 감지 소자가 받아 아름다운 사진을 찍을 수 있게 되었다.

이런 빛 감지 소자에는 CCD와 CMOS가 있다. 현재는 저렴하고 대량생산이 쉬운 CMOS 센서가 대세다. 아름다운 2D 사진을 찍을 수 있는 CMOS 센서가 개발되었지만, 산업계에서는 이와 다른 수요가 생겨났다. 제조 로봇을 제어하려면 물체의 위치를 정확하게 이미지로 계측하는 3D 센서가 필요했다. 이러한 수요로 인해 개발된 것이 위 그림에 있는 ToF(비행시간거리측정법) 방식의 CMOS 센서다. 거리를 재는 기능만을 위해 개발한 저렴한 고성능 센서다.

3D 이미지 센서와 3D 이미지를 고속으로 처리하는 GPU를 조합한 AI 탑재기기 실용화가 진행되고 있다. 자율적으로 일하는 로봇의 눈에는 AI를 탑재한 이런 이미지 센서를 사용한다. 산업용 로봇의 눈과 게임 처리 두뇌를 융합한 결과물이다.

AI 관련 산업이 선진국을 중심으로 진행된다는 점은 우리에게 많은 시사점을 준다.

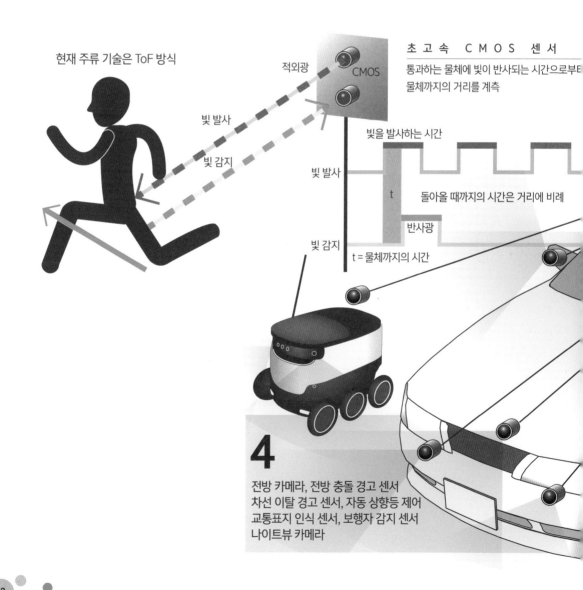

현재 주류 기술은 ToF 방식

적외광

CMOS

빛 발사

빛 감지

초고속 CMOS 센서

통과하는 물체에 빛이 반사되는 시간으로부터 물체까지의 거리를 계측

빛을 발사하는 시간

빛 발사

t

돌아올 때까지의 시간은 거리에 비례

반사광

빛 감지

t = 물체까지의 시간

4

전방 카메라, 전방 충돌 경고 센서
차선 이탈 경고 센서, 자동 상향등 제어
교통표지 인식 센서, 보행자 감지 센서
나이트뷰 카메라

9

로봇을 친구로 생각하는 동양인

1966년에 미국 유니메이션의 조셉 엥겔버거 박사가 일본을 방문했다. 그는 산업용 로봇을 개발하여 1961년에 첫 번째 로봇을 제너럴 모터스에 공급했다. 인간에게는 위험한 다이캐스트(정밀 금형 기법) 작업을 시행하는 로봇이었다. 하지만 이후 로봇이 더는 도입되지 않자 활로를 찾기 위해 일본을 방문했다. 엥겔버거 박사의 세미나는 예상을 넘는 많은 사람이 몰려와서 엄청난 성황을 이뤘다. 미국에서 수용에 한계가 있던 산업용 로봇이 일본에서는 크게 환영받았고, 이후 로봇 대국 일본의 초석이 되었다.

미국에서는 그가 제안한 로봇에 반감을 보였고, 노동조합의 도입 반대 운동으로 도입이 거부되었다. 반면 일본에서는 아무런 저항 없이 로봇을 받아들였다. 왜 이런 차이가 생긴 것일까?

미국 사람들이 산업용 로봇에 거부감을 보인 것은 서구 사회의 바탕에 있는 기독교 영향 때문이다. 신을 절대적인 선으로 여기며 이 세상은 전부 신이 만든 피조물이고, 인간은 신과의 계약으로 땅 위의 주인으로 다른 생물을 관리하는 역할을 맡는다는 것이다. 이런 세계관을 가진 사람들에게 피조물인 인간이 생명에 해당하는 것을 만든다는 것은 크나큰 죄악이었다. 서구 사회에서는 옛날부터 이러한 관념으로 인간과 로봇이 서로 적대하는 이야기가 만들어져왔다. 그 예로 옛날에는 프랑켄슈타인이, 현대에는 터미네이터가 있다. 로봇은 신에 적대적인 존재이며 그 적과 싸우는 것은 인간의 사명이었다.

한편 동양적인 세계관은 이와 반대된다. 우주에는 여러 생명이 존재하고, 그것에 계급이나 우열은 없다. 생명은 똑같이 가장 존귀하다는 범신론적 세계관이 지금까지 동양인의 마음 깊은 곳에 남아 있다. 이런 세계관 안에서는 로봇도 마찬가지로 귀한 생명을 가졌다고 생각한다. 그 생명이 인간과 비슷한 모습을 가진 것에도 큰 저항이 없다. 오히려 기계 안의 인격을 인정하는 마음이 인간형 로봇을 원한다고도 할 수 있다.

이러한 세계관으로 만들어진 것이 데즈카 오사무가 그린 만화 〈우주소년 아톰〉이다. 주인공 아톰의 솔직하고 귀여운 로봇 이미지는 독자들의 마음에 깊은 인상을 남겼다. 일본에서 산업용 로봇이 처음 국산화된 1973년에 와세다대학교에서 세계 최초의 자율형 휴머노이드 로봇이 만들어진 것은 우연이 아니다.

동양과 서양의 로봇관

로봇은
친구

VS

로봇은
적

대표는 아톰

대표는 터미네이터

이 차이는 각자의 종교 때문?

즉…

세계는 하나

동양의
불교적
세계관

VS

서양의
기독교적
세계관

신

선

피조물

신 이외에는
원죄를 지었다.

악

불교의 생명관

'이 세상에서 생명이 있는 모든 것에 부처가 깃들어 있다.' 물체에서 생명을 본다.

프랑켄슈타인은
악의 상징이자 괴물이다.

기독교적 선악 이원론

오직 신만이 생명을 만든다. 인간이 인간 모습의 생명을 만드는 것은 악이다. 인간은 신과 맺은 계약으로 지상을 관리할 책임이 있다.

그 결과,
휴머노이드형 로봇 탄생

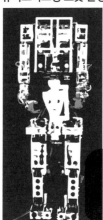

로봇은 우리 편이고 친구라는 아톰 같은 로봇 관념이 뒷받침함.

그 결과로 인간 노동을 대신하는 로봇을 만들어서 공장에서는 애칭으로 부름.

이러한 문화 차이가 일본이 산업용 로봇에서 성공한 요인이기도 하다.

46쪽으로 이어짐.

그 결과,
공장 노동자를 대신하는 산업용 로봇 탄생

1962년에 유니메이션이
'유니메이트'를 판매했지만,
널리 보급되지 못함.

로봇은 괴물
배경에는 로봇은
괴물이라는 두려움과
로봇이 일자리를 뺏는다는
노동조합의 반대가
있었다.

UNIMATE

이족 보행으로 세계의 최첨단을 걸었다

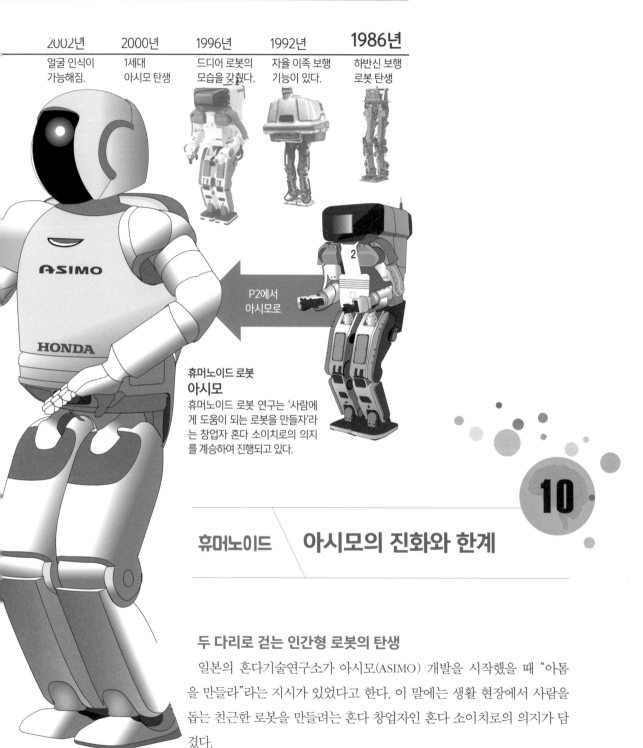

2002년
얼굴 인식이 가능해짐.

2000년
1세대 아시모 탄생

1996년
드디어 로봇의 모습을 갖췄다.

1992년
자율 이족 보행 기능이 있다.

1986년
하반신 보행 로봇 탄생

P2에서 아시모로

휴머노이드 로봇
아시모
휴머노이드 로봇 연구는 '사람에게 도움이 되는 로봇을 만들자'라는 창업자 혼다 소이치로의 의지를 계승하여 진행되고 있다.

10

휴머노이드 | ## 아시모의 진화와 한계

두 다리로 걷는 인간형 로봇의 탄생

일본의 혼다기술연구소가 아시모(ASIMO) 개발을 시작했을 때 "아톰을 만들라"라는 지시가 있었다고 한다. 이 말에는 생활 현장에서 사람을 돕는 친근한 로봇을 만들려는 혼다 창업자인 혼다 소이치로의 의지가 담겼다.

혼다에서 만든 로봇은 처음부터 자율 이족 보행을 목표로 했다. 동시

우리는 '다리'가 아니라 '뇌'로 대결한다.

걷지 않아도 이동할 수 있다.

화성 탐사 로봇 오퍼튜너티

이런 로봇을 어디에 사용할까?

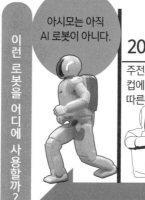

아시모는 아직 AI 로봇이 아니다.

2011년
주전자를 들고 컵에 커피를 따른다.

2005년
보행속도 향상

2004년
장애물을 회피해서 걷는다.

실용화를 가로막는 큰 벽

이족 보행으로는 이길 수 없다. 다른 방법을 찾자.

서양의 로봇 연구자

에 이족 보행이야말로 모든 지형에 적응할 수 있는 궁극의 이동성능이라는 개발 이념도 내걸었다.

1986년 일본에서는 이족 보행 메커니즘을 탑재한 하반신 로봇이 등장했다. 이때 한 걸음 내딛는 데 걸린 시간이 15초였다고 한다. 인간이 걷는 원리를 관찰해서 근육 구조를 기계로 바꾼 다음, 그것을 제어하는 프로그램을 개발했다. 당시 아무도 하지 않았던 시도는 10년이 흘러 'P2'라는 이름의 이족 보행 로봇이라는 결실을 보았다.

지난 2000년에는 1세대 아시모가 등장했다. 키 130cm에 우주복 차림인 아시모가 매끄럽게 걷는 모습은 텔레비전에도 공개되어 사람들을 놀라게 했다. 외부에서 조종받지 않고 스스로 계단을 오르내릴 수 있는 아시모로 사람들은 휴머노이드형 로봇의 미래를 볼 수 있었다. 하지만 그 후 아시모가 보여준 진화는 사람들의 기대에 부응하지 못했다. 사람들은 자유롭게 인간과 대화하고 일상의 여러 업무를 처리하는 AI 아톰을 기대하고 있었다.

서양의 로봇 개발자들은 이족 보행 메커니즘 개발보다는 아시모 같은 로봇을 움직이는 소프트웨어 개발이 더욱 중요해질 것으로 예측했다. 때마침 음성인식, 화상인식, AI 시스템이 큰 성과를 거두기 시작했다. 자연스레 로봇 연구는 하드웨어에서 소프트웨어의 시대로 옮겨가면서 이러한 질문이 생겼다. '단지 걷기만 하는 로봇은 어디에 사용할 수 있을까?'

11 전투 로봇과 평화 로봇

로봇이 AI의 두뇌를 가지면 어떤 일이 일어날까?

군사용으로 이용하는 미국과 실용적으로 이용하는 일본

미국 국방총성은 로봇 개발을 오랫동안 후원하고 있다. AI 개발 초기에는 미 해군도 자금을 보탰다. 현재 가장 뛰어난 두뇌를 가진 미국의 아틀라스 로봇(Atlas Robot)도 국방총성의 지원으로 민간기업, 대학연구기관을 대상으로 한 경연대회의 성과다. AI와 로봇 연구개발, 무기개발 사이에는 언제나 밀접한 관계가 있었다.

국방총성은 군사 무기의 로봇화, 인공지능화를 일관되게 추진하고 있다. 차세대 전투기는 AI가 자동으로 조종할 것이다. 이미 정찰 및 공격용 드론이 실전에 배치되어 있다. 이런 원격 유인 조종도 곧 인공지능화될 것이다. 현재 전 세계 군수 산업에서 인간 병사의 피해를 줄이고 군사적 우위를 확보하려면 무기의 AI 및 로봇화는 필수다.

2016년에 공개된 영상에서 아틀라스 로봇은 눈 덮인 산과 들을 돌아다니고, 측면에서 충격을 받아도 넘어지지 않는데, 이 모습에서 미래의 터미네이터를 본 사람도 많았을 것이다. 일본의 아시모와 다른 아틀라스 로봇의 용맹스러운 모습에서 개발 사상의 차이를 분명하게 볼 수 있다.

차세대 아시모와 아틀라스 로봇에는 더 우수한 AI가 탑재될 것이다. 탑재된 AI는 사용하는 인간의 지시를 충실하게 따를 뿐이다. 원래 휴머노이드형 로봇은 동양 사람들이 꿈꾼 아톰을 재현한 것이다. 이 로봇이 무기가 되어 사람들을 살육한

아틀라스 로봇 탄생

미국 국방총성은 즉시 휴머노이드형 로봇 개발로 방향을 전환

2011년 3월, 일본 후쿠시마 원전 사고로 상황이 달라졌다.

움직일 수 없다.

일본에서 만든 재해대응 로봇은 방사능을 견디지 못했다. 미국 제품이 투입되어도 잔해와 계단이 너무 많아서 움직일 수 없었다. 이족 보행과 양팔을 갖춘 휴머노이드형이 필요했다.

다면 악몽일 것이다.

　로봇 개발 초창기부터 일본과 미국은 다른 길을 걸었다. 일본은 실생활에 활용할 로봇을 주로 개발하고 있다. 일례로 소프트뱅크가 개발한 페퍼(Pepper)처럼 AI를 탑재한 범용 휴머노이드 로봇을 들 수 있다. 이러한 로봇은 다양한 생활 현장에서 사람들에게 가까이 갈 수 있다. 병간호 현장 지원, 어학 교사, 매장이나 행사장 안내 등 이미 많은 현장에서 로봇이 일하기 시작했다.

　산업용 로봇 세계에서도 인간과 함께 일하는 범용 로봇이 등장했고, 재해 현장 구조를 위해 AI 로봇이 만들어지기도 했다. 인간의 친구가 될 로봇의 활약이 기대되는 대목이다.

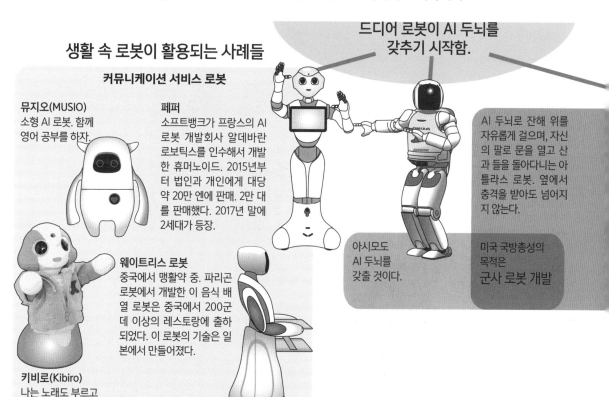

생활 속 로봇이 활용되는 사례들

커뮤니케이션 서비스 로봇

뮤지오(MUSIO)
소형 AI 로봇. 함께 영어 공부를 하자.

페퍼
소프트뱅크가 프랑스의 AI 로봇 개발회사 알데바란 로보틱스를 인수해서 개발한 휴머노이드. 2015년부터 법인과 개인에게 대당 약 20만 엔에 판매. 2만 대를 판매했다. 2017년 말에 2세대가 등장.

웨이트리스 로봇
중국에서 맹활약 중. 파리곤 로봇에서 개발한 이 음식 배열 로봇은 중국에서 200군데 이상의 레스토랑에 출하되었다. 이 로봇의 기술은 일본에서 만들어졌다.

키비로(Kibiro)
나는 노래도 부르고 춤도 출 수 있어.

드디어 로봇이 AI 두뇌를 갖추기 시작함.

AI 두뇌로 잔해 위를 자유롭게 걸으며, 자신의 팔로 문을 열고 산과 들을 돌아다니는 아틀라스 로봇. 옆에서 충격을 받아도 넘어지지 않는다.

아시모도 AI 두뇌를 갖출 것이다.

미국 국방총성의 목적은 **군사 로봇 개발**

산업용 범용, 재해 현장용 로봇

넥스테이지(NEXTAGE)
인간과 함께 일하는 휴머노이드. 가와다 로보틱스 제품.

도시바 4족 보행 로봇
후쿠시마 원전 사고 현장에 투입된 재해용 로봇. 카메라와 방사선량 측정기를 탑재.

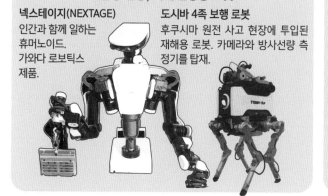

잇달아 등장하는 안드로이드형 로봇

안드로이드 소피아(Sophia)
미국 핸슨 로보틱스에서 제작. AI로 인간과 지적인 대화를 나눈다. 사우디아라비아에서 시민권을 받아 화제가 되었다.

안드로이드 지아지아(JiaJia)
중국과학기술대학이 개발한 안드로이드

3장

AI로
달라지는
직업의 세계

AI와 로봇 도입으로
달라진 제과 회사

직장에서 사람이 사라진다

한 제과 회사가 있다. 사장과 임원들 밑에서 많은 직원이 일하며 주력상품인 사탕을 생산·판매하고 있다. 이런 평범한 회사에 AI를 도입하면 어떤 변화가 생길까? 도입 전후를 비교한 것이 아래의 두 그림이다. 오른쪽의 AI 도입 전 그림과 달리 왼쪽의 도입 후 그림에서는 일하는 사람이 눈에 띄게 줄어든 것을 확인할 수 있다. 특히 현저하게 감소한 부문은 인사·회계·총무와 같은 사무부문이다. 데이터 관리, 경비와 매출, 급여 계산 등 그전까지 컴퓨터로 해왔던 정형화된 작업은 AI가

AI 도입 전

일괄 관리하게 되어 사람이 할 일이 거의 없어졌다.

소비자 전화에 대응하는 콜센터에서도 사람들이 사라졌다. 자동 음성응답 시스템을 도입해서 상담원을 대신하여 자동으로 대응하기 때문이다.

영업팀도 AI 도입으로 소수정예화하여 EC(전자상거래) 사이트로 신규고객을 확보한다. 동시에 수주·생산·재고 등의 정보를 일원화하여 관리할 수 있게 되었다.

게다가 원래 자동화된 공장은 자율형 로봇을 도입하여 무인화를 거의 달성했다. 상품 보관과 배송을 담당하는 부서에서도 로봇과 자동운전 자동차가 직원을 대신하고 있다. 유일하게 인간이 여전히 활약하는 부문은 참신한 아이디어가 필요한 상품개발 부문뿐이다.

이처럼 AI 도입 전과 비교해서 도입 후에는 종업원 숫자가 줄었지만, 회사 매출은 오히려 증가했다. 인건비가 감소했고 생산부터 유통에 이르기까지 AI 관리로 낭비가 사라져 효율이 높아져서다. 이것은 결코 미래 예상도가 아니다. 현재 일어나고 있는 일이다.

AI 도입 후

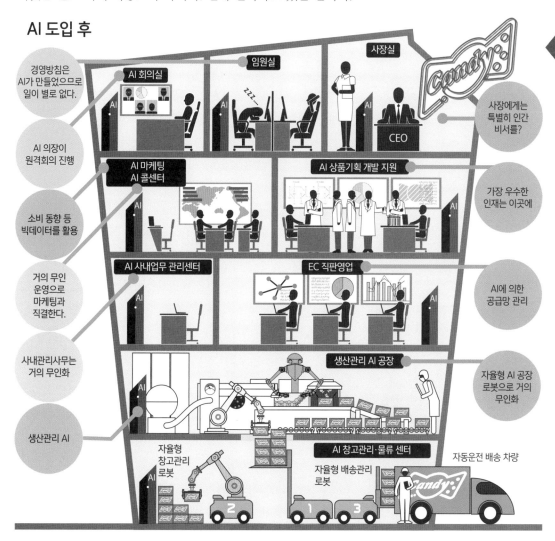

2 AI가 잘하는 업무 │ AI는 인간의 일자리를 위협할까?

전체 직업의 절반이 AI로 대체 가능

AI 도입으로 제과 회사 종업원이 급감하는 예를 보았다. 이를 뒷받침하는 보고서가 있다. 옥스퍼드대학교의 마이클 오스본 교수는 '현재 있는 직업의 절반 가까이는 10~20년 후에 AI가 차지한다'고 지적했다. 미국의 702가지 직업 중 어디까지 자동화가 가능한지 조사한 결과, 노동인구의 47%가 AI와 로봇으로 대체될 수 있다는 결과를 얻었다. 일본에서도 노무라종합연구소가 오스본 교수 등과 공동으로 601가지 직업에 관해 같은 연구를 진행했는데, 49%를 AI가 대체할 수 있다는 충격적인 결과를 확인했다.

이런 보고서를 근거로 AI로 대체될 수 있는 직업을 왼쪽에 있는 그림에서 볼 수 있다. 육체노동, 사무, 기계 조작, 검사와 측정 등 패턴이 어느 정도 정해져 있는 업무는 물론이고, 일부 대인 서비스와 보조적인 지적 직무까지도 포함되어 있다. 이렇게 보면 제과 회사의 많은 부서에서 사람들이 사라진 것도 과장은 아니라는 것을 알 수 있다.

앞으로는 AI와 인간 지성이 연대

기술 발달로 인간의 일자리가 위협받는다는 지적은 과거에도 있었다. 19세기 산업혁명 때는 기계화로 실업을 우려한 노동자들이 기계를 파괴한 '러다이트 운동'을 일으켰다. 그렇지만 기계화가 진행되어도 서비스업 등 새로운 직종이 생겨서 걱정했던 대량실업은 일어나지 않았다.

우리는 기술이 아무리 진보해도 '인간만 할 수 있는 일'은 많이 있다고 오랫동안 믿어왔다. 그런데 AI 기술은 그전까지의 기술 혁신과는 비교도 안 될 만큼 급속히 진화하고, 빅데이터 처리 능력, 딥러닝, 고도의 센서 기술 등이 융합하여 인간의 일자리 영역을 위협하기 시작했다.

변호사와 같은 전문성이 높은 직업도 예외는 아니다. 방대한 법률 지식을 축적하고 관련 판례를 검색하거나 서류를 작성하는

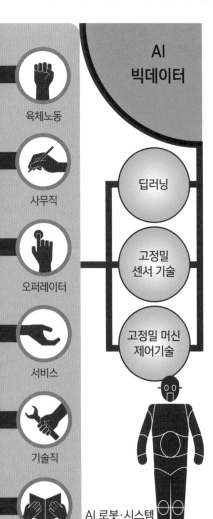

일은 오히려 AI가 더 잘한다. AI가 변호사를 완전히 대체하지는 못해도 AI의 도움으로 변호사의 업무량이 극적으로 줄어드는 것만은 틀림없다.

반대로 AI가 대체할 수 없는 것은 ①창조성이 필요한 일, ②교섭과 설득, 상담과 같이 지적인 의사소통이 필요한 일이라고 오스본 교수는 지적한다. 그리고 AI에게 일자리를 뺏기는 것이 아니라 AI와 잘 연계해서 인간의 진정한 지성을 발휘해야 한다는 결론을 내렸다.

그렇다면 AI와 연계하는 직장은 어떤 모습일까? 이제부터 각 분야에 관해 구체적으로 살펴보자.

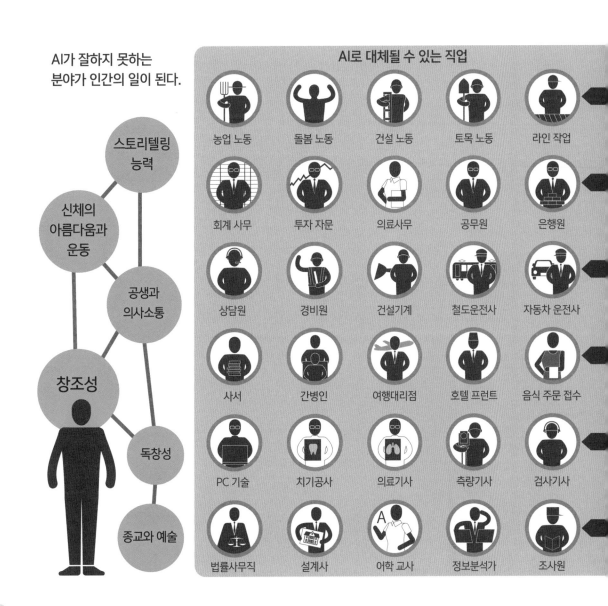

AI가 잘하지 못하는 분야가 인간의 일이 된다.

스토리텔링 능력 · 신체의 아름다움과 운동 · 공생과 의사소통 · 창조성 · 독창성 · 종교와 예술

AI로 대체될 수 있는 직업

농업 노동 · 돌봄 노동 · 건설 노동 · 토목 노동 · 라인 작업
회계 사무 · 투자 자문 · 의료사무 · 공무원 · 은행원
상담원 · 경비원 · 건설기계 · 철도운전사 · 자동차 운전사
사서 · 간병인 · 여행대리점 · 호텔 프런트 · 음식 주문 접수
PC 기술 · 치기공사 · 의료기사 · 측량기사 · 검사기사
법률사무직 · 설계사 · 어학 교사 · 정보분석가 · 조사원

병원은 이렇게 달라진다!
빅데이터와 서비스업의 융합

식사 공간

줄기세포 관리센터

고도 치료·
수술 플로어

암 위험은
이 정도입니다.

20%

고도 전문 진단
플로어

지역
병원

통원 전용 AI 차량

AI와 궁합이 좋은 의료 분야

2016년 8월, AI가 백혈병 환자의 생명을 구했다는 뉴스가 의료계를 놀라게 했다. 도쿄대학교 의과학연구소의 발표에 따르면 IBM의 AI 왓슨이 10분만에 정확한 병명을 파악하고 적절한 치료법을 제시한 덕에 환자가 회복했다는 내용이었다.

환자의 증상을 보고 진단을 내리려면 과거의 증상과 의학 논문 등 방대한 의료 정보를 조회해야 한다. 그야말로 빅데이터 집적과 분석력이 뛰어난 AI가 잘하는 분야다. AI가 신속하고 정밀하게 진단하고 의사가 최종판단을 내리면 이전보다 양질의 의료 서비스를 제공할 수 있을 것이다. 이런 기대가 의료 현장에서 높아지고 있다.

진단뿐 아니라, 의료행위를 지원하는 AI 탑재 로봇도 등장했다. 일본에서도 이미 일부 병원에서 미국의 인튜이티브 서지컬이 개발한 수술 지원 로봇 '다빈치'를 도입했다. 의사는 3D 이미지를 보면서 로봇팔을 원격조작하여 마치 환자 체내에 들어가 있는 것처럼 섬세한 수술이 가능하다고 호평한다. 이밖에도 약과 검사대상물을 자동으로 옮기는 자율반송 로봇, 접수·안내 로봇 등도 일본 내에서 이미 실용화되어 있다.

사람의 생명을 책임지는 의료 현장에서는 더 고도의 진단·치료 기술이 요구된다. 의료는 AI와 상당히 잘 맞는 분야라고 할 수 있다.

발전된 의료 서비스를
AI가 통합적으로 연결한다

재택 간호

재택 간호에서도 즉시 필요한 지원을 받을 수 있다.

AI 의사　**네트워크**

유전자 해석

유전자 질병 예방

고도의 생체 데이터 취득

홈닥터

어디서든 필요로 할 때 의료 혜택을 받는다

일본의 경우 2025년에는 약 8천만 명이 75세 이상인 후기 고령자가 되어 초고령사회로 진입한다. 이러한 문제로 현재 일본 의료 현장이 흔들리고 있다. 고령자를 지탱하는 젊은 세대가 감소하고, 의료 현장은 늘 인원 부족에 시달린다. 뛰어난 인재는 도시에 집중되어 지역 간 의료 격차도 발생했다. 이 문제를 해결하는 방법으로 주목받는 것이 AI 활용이다.

앞에서 본 것처럼 일부 병원에서는 AI를 도입했지만, 어디까지나 개별적인 시도에 그치고 있다. 이것을 하나의 네트워크로 만들어 큰 병원부터 개인 병원, 지역 사회, 나아가 개인까지 연결해서 의료 정보를 공유하면 어디에 있더라도 발전된 최신 의료 서비스를 받을 수 있을 것이다.

일본에서도 보건의료 분야에 AI 도입을 검토 중이다. 특히 조기실용화를 기대하는 분야가 암 치료에 효과적이라 여겨지는 유전자 정보를 통한 의료다. AI로 유전자 정보를 해석하면 짧은 시간에 질환의 유전자를 발견해서 환자 상태에 맞는 개별 의료를 실현할 수 있을 것으로 기대한다.

또한 딥러닝을 응용한 화상진단 지원 시스템을 사용하면, 병명 후보를 짧은 시간에 한정할 수 있어서, 특히 전문의가 부족한 원격지에서는 크게 도움을 받을 수 있을 것이다.

개인이 생활에서 웨어러블 단말기(몸에 장착해서 사용하는 정보기기)와 스마트폰을 활용하는 방법도 있다. 이것들을 통해 수집한 건강 데이터와 이미지를 AI가 해석하면 재택환자 관리와 원격지도를 효과적으로 수행할 수 있다.

이들을 네트워크로 연결해서 의료 정보를 일원화하면, 적절한 건강관리로 이어진다. 또한 방대한 의료데이터를 해석하면 새로운 치료법과 의약품 개발도 진행할 수 있을 것으로 기대한다.

첨단의료연구

인간 게놈
편집치료약
개발

자가면역
관련 신약
개발

줄기세포
재생의료

장내세균
의료

자기재생
의료연구

의료 관련
오픈 빅데이터

장기 3D
프린팅

암 백신
개발

대체장기
이식

AI 의료 정보
데이터마이닝·
개발연구 지원
클라우드 시스템

종합의료기관

AI 진단
지원 시스템·
원격치료

스마트 치료

로봇 수술실

각종 의료데이터 통합

AI 의료연구 지원
클라우드 시스템

웨어러블 단말기 장착

신흥 벤처기업

건강 지원
관련 기업

건강 관련 상품
개발 기업

제약회사

의료품
개발 기업

민간의료·건강 관련 기업

AI 딥러닝 시스템

돌봄 시설

돌봄 시설 직원에게 적절
한 돌봄·의료 정보를 제
공하고 지원한다.

지역 사회

정부기관에서 지역 사회로,
드디어 AI 주목

지식과 경험이 필요한 비정형 업무를 돕는 AI

'일본 지방자치단체의 공무원이 수행하는 업무는 장차 AI와 로봇이 대신할 것이다.' 60% 이상이나 되는 사람들이 이렇게 생각한다는 조사결과가 있었다. 일본의 소프트웨어 개발 회사 저스트 시스템이 2017년 8월에 남녀 1,100명을 대상으로 벌인 설문 조사의 결과다. 예전부터 공공기관의 낭비와 수직적 행정의 폐해를 지적받아 왔기에, 이 숫자에는 보통 사람들의 감정이 담겨 있다고 할 수 있다. AI로 대체될 업무로 공공기관의 사무업무가 먼저 언급된다. 지방자치단체도 업무 효율화를 위해 드디어 AI 도입을 진행하기 시작했다. 일본 치바시에서는 2017년 2월부터 AI를 이용한 도로

AI 도입 전

어느 시청

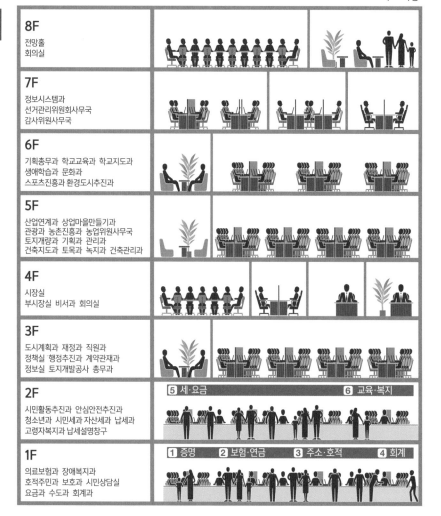

8F
전망홀
회의실

7F
정보시스템과
선거관리위원회사무국
감사위원사무국

6F
기획총무과 학교교육과 학교지도과
생애학습과 문화과
스포츠진흥과 환경도시추진과

5F
산업연계과 상업마을만들기과
관광과 농촌진흥과 농업위원사무국
토지개량과 기획과 관리과
건축지도과 토목과 녹지과 건축관리과

4F
시장실
부시장실 비서과 회의실

3F
도시계획과 재정과 직원과
정책실 행정추진과 계약관재과
정보실 토지개발공사 총무과

2F
시민활동추진과 안심안전추진과
청소년과 시민세과자산세과 납세과
고령자복지과 납세설명창구

> 5 세·요금   6 교육·복지

1F
의료보험과 장애복지과
호적주민과 보호과 시민상담실
요금과 수도과 회계과

> 1 증명   2 보험·연금   3 주소·호적   4 회계

관리 시스템 실험을 시작했다. 스마트폰으로 촬영한 이미지를 바탕으로 AI가 도로 손상을 진단하고 정비의 필요성을 판단하는 시스템으로, 공공 인프라 안전점검을 효율화하는 것이 목적이다.

오사카시에서는 호적(가족관계등록부) 심사에 AI를 도입하기 위한 실증실험을 시행하고 있다. 호적 심사는 지식이 풍부한 직원이 아니면 시간이 걸리는 작업이다. 그러므로 AI가 축적한 정보에서 답을 찾고, 나아가 정확도를 높일 수 있도록 스스로 학습하는 시스템을 개발하는 것을 검토하고 있다.

한편 후쿠오카현 이토시마시에서는 이주를 검토하는 사람에게 AI가 이주 후보지를 제안하는 실험을 하고 있다. 이주 희망자의 요구조건은 매우 다양하여, AI라면 만족도가 높은 이주지를 제안할 수 있을 것으로 보인다. 이밖에도 시민의 문의에 대응하는 AI 자동응답 시스템과 접수 로봇 도입을 검토하는 지자체도 있다. 실용화까지는 시간이 걸리겠지만, 정해진 규칙이 있는 정형 업무뿐만 아니라, 지식과 경험이 필요한 비정형 업무 지원에도 사용할 수 있는 것이 AI의 장점이다. 효율화로 더욱 신속하고 적절해질 지방행정 서비스를 기대한다.

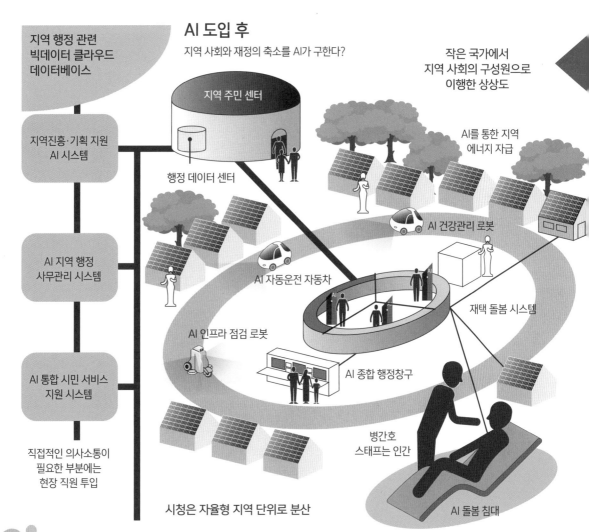

AI 도입 후
지역 사회와 재정의 축소를 AI가 구한다?

지역 행정 관련 빅데이터 클라우드 데이터베이스

작은 국가에서 지역 사회의 구성원으로 이행한 상상도

지역 주민 센터

지역진흥·기획 지원 AI 시스템

행정 데이터 센터

AI를 통한 지역 에너지 자급

AI 건강관리 로봇

AI 지역 행정 사무관리 시스템

AI 자동운전 자동차

재택 돌봄 시스템

AI 인프라 점검 로봇

AI 통합 시민 서비스 지원 시스템

AI 종합 행정창구

직접적인 의사소통이 필요한 부분에는 현장 직원 투입

병간호 스태프는 인간

시청은 자율형 지역 단위로 분산

AI 돌봄 침대

6 농업 | AI 도입으로 가장 크게 변하는 곳은 농촌이다

무인 농촌과 젖 짜는 로봇 등장

일본이 현재 AI 도입을 적극적으로 진행하는 분야는 농업이다. 농사는 사람이 직접 한다고 생각하지만, 대규모 농가가 많은 홋카이도 등지에서는 일찍부터 서구식 기계화 농업을 도입하여 밭의 주역은 사람이 아니라 농기계였다. 광대한 농지에서 씨 뿌리기부터 수확에 이르기까지 전용 농기계가 담당한다.

AI를 이용해 농업을 완전 자동화하려는 움직임이 현재진행 중이다. 이것을 가능하게 하는 것이 미국 GPS(위성위치확인시스템)를 보완해서 안정적인 위치 정보를 얻을 수 있는 일본의 GPS 위성

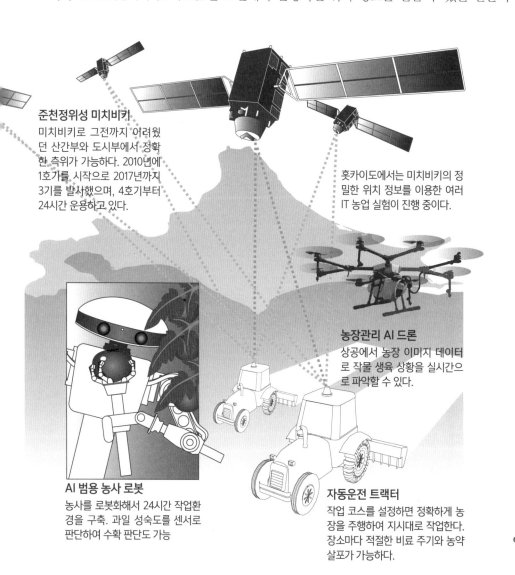

준천정위성 미치비키
미치비키로 그전까지 어려웠던 산간부와 도시부에서 정확한 측위가 가능하다. 2010년에 1호기를 시작으로 2017년까지 3기를 발사했으며, 4호기부터 24시간 운용하고 있다.

홋카이도에서는 미치비키의 정밀한 위치 정보를 이용한 여러 IT 농업 실험이 진행 중이다.

농장관리 AI 드론
상공에서 농장 이미지 데이터로 작물 생육 상황을 실시간으로 파악할 수 있다.

AI 범용 농사 로봇
농사를 로봇화해서 24시간 작업환경을 구축. 과일 성숙도를 센서로 판단하여 수확 판단도 가능

자동운전 트랙터
작업 코스를 설정하면 정확하게 농장을 주행하여 지시대로 작업한다. 장소마다 적절한 비료 주기와 농약 살포가 가능하다.

'미치비키'다. 선진국에서는 농기계 대부분에 GPS 수신기를 설치해서 자동주행이 널리 보급되었다. 여기에 미치비키의 신호가 더해지면, 방풍림 등으로 차단되어 GPS 신호를 수신할 수 없는 환경에서도 정확한 자동주행이 가능하다는 것을 실험으로 증명했다.

이 밖에도 드론의 농장관리, AI가 적절하게 관리하는 스마트 비닐하우스, 미국이 앞서가는 도시형 식물공장 등 새로운 농업 모델이 계속 등장하고 있다. 낙농업도 예외가 아니다. 이제까지 낙농업은 동물을 상대해서 24시간 연중무휴의 중노동이라고 생각했다. 하지만 현재는 감시카메라로 축사를 24시간 모니터하고, 자동 사료 공급기로 정시에 먹이를 줄 수 있으며, AI 착유 시스템도 등장했다. 이 시스템을 사용하면 인간이 착유기를 가지고 축사를 돌아다니지 않아도 자동 또는 반자동으로 젖을 짤 수 있을 뿐 아니라, 소에 부착한 개체 태그로 건강관리도 가능하다.

농업 분야에서 AI를 주목하는 배경에는 경영자의 고령화와 후계자 부족이라는 문제가 있다. 한편으로 도시에서 농사를 지으러 귀농하는 사람도 적지 않다. PC와 스마트폰으로 조작하는 AI 농업은 젊은 세대가 적응하기 쉽고, 부족한 경험을 보충할 수 있어서 후계자 확보로도 이어질 것으로 기대한다.

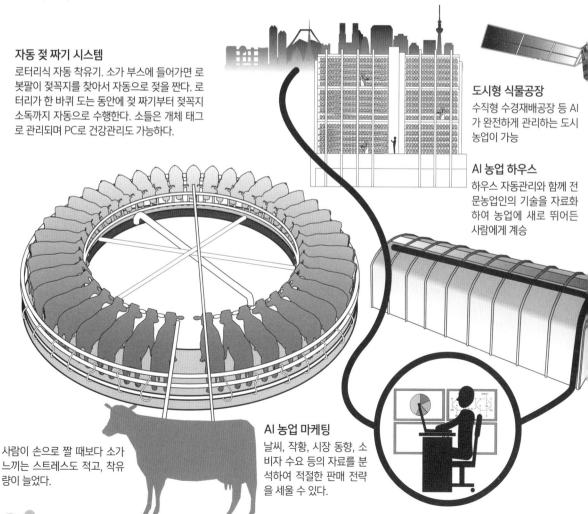

자동 젖 짜기 시스템
로터리식 자동 착유기. 소가 부스에 들어가면 로봇팔이 젖꼭지를 찾아서 자동으로 젖을 짠다. 로터리가 한 바퀴 도는 동안에 젖 짜기부터 젖꼭지 소독까지 자동으로 수행한다. 소들은 개체 태그로 관리되며 PC로 건강관리도 가능하다.

도시형 식물공장
수직형 수경재배공장 등 AI가 완전하게 관리하는 도시 농업이 가능

AI 농업 하우스
하우스 자동관리와 함께 전문농업인의 기술을 자료화하여 농업에 새로 뛰어든 사람에게 계승

AI 농업 마케팅
날씨, 작황, 시장 동향, 소비자 수요 등의 자료를 분석하여 적절한 판매 전략을 세울 수 있다.

사람이 손으로 짤 때보다 소가 느끼는 스트레스도 적고, 착유량이 늘었다.

AI의 도움으로 스마트 건설이 가능

3D 데이터를 모든 과정에서 공유

AI 도입을 서두르는 분야로 토목·건축 설계를 들 수 있다. 이 업계가 직면한 문제가 AI 도입을 불렀기 때문이다.

그전까지 토목·건축은 노동집약형 업무인 동시에 하청기업의 복잡한 연계가 필수인 업계였다. 현재는 만성적인 일손 부족 해소와 장기간 경기 침체로 인한 비용 삭감, 이를 위해 복잡한 건축시공 공정 효율화라는 과제에 직면해 있다.

아래의 그림에서 볼 수 있듯이 토목·건축 업무는 몇 가지 작업 공정으로 나누고 각각 독자적인

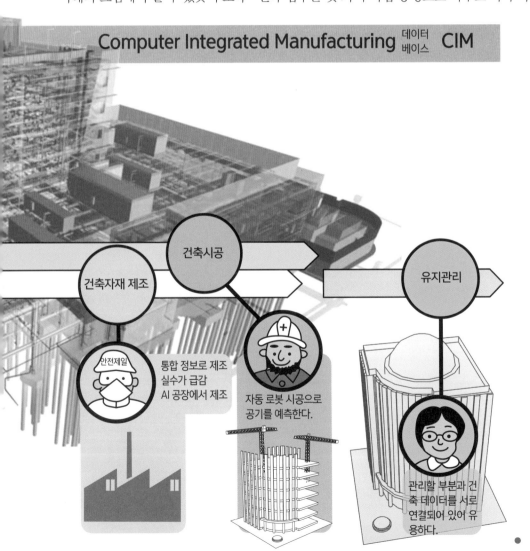

Computer Integrated Manufacturing 데이터 베이스 CIM

건축자재 제조

건축시공

유지관리

안전제일

통합 정보로 제조 실수가 급감 AI 공장에서 제조

자동 로봇 시공으로 공기를 예측한다.

관리할 부분과 건축 데이터를 서로 연결되어 있어 유용하다.

관리 시스템으로 시행한다. AI를 도입하는 이유는 분단된 실시공정을 공통 데이터베이스를 사용하여 통합적으로 일원 관리하기 위해서다. 여기서 중요한 것이 거대한 입체물인 건물 정보를 전면적으로 3D화하는 것이다.

예를 들어 건설지 측량을 3차원 측위 데이터로 만들어서 AI를 이용한 3D 모델링에 활용한다. AI 모델링은 건물 사양, 비용, 공사 기간 등의 데이터를 입력하면 불과 몇 분 만에 시공계획을 제안한다. 여기서 채택한 시공계획은 프로젝트와 관련한 설계팀, 시공팀, 자재조달팀 등 많은 사람이 공유해서 서로 점검하고, 계획 조정·변경, 시공비 산출 등을 가능하게 한다. 이제까지 사람 손에 의지했던 방대한 작업이 큰 폭으로 자동화되는 것이다.

이러한 데이터의 일원화 및 공유화는 BIM(건물 정보 모델), CIM(컴퓨터 통합 생산)이라 부르는 건축·설계 데이터의 통합 데이터베이스라는 기초 위에 성립한다. 측량, 디자인 CG, 환경 시뮬레이션, 세부 설계도면 등으로부터 건물 완성 후의 유지관리 업무에 이르기까지 서로 다른 형태의 데이터를 일원화하는 이 시스템은 현재 일본에서 추진되고 있다.

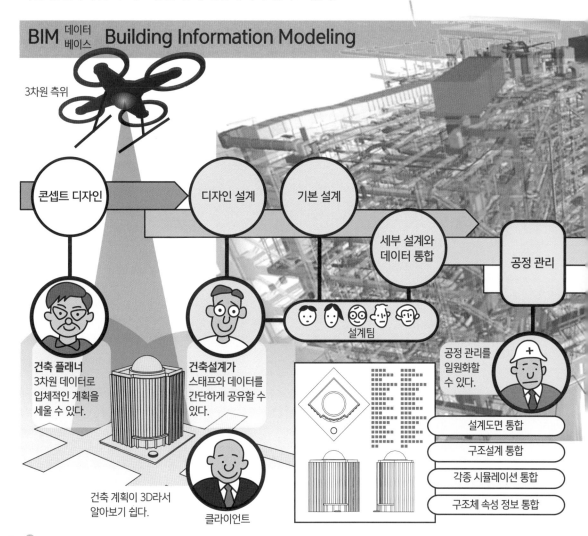

BIM 데이터 베이스 **Building Information Modeling**

3차원 측위

콘셉트 디자인 · 디자인 설계 · 기본 설계 · 세부 설계와 데이터 통합 · 공정 관리

설계팀

건축 플래너
3차원 데이터로 입체적인 계획을 세울 수 있다.

건축설계가
스태프와 데이터를 간단하게 공유할 수 있다.

공정 관리를 일원화할 수 있다.

설계도면 통합

구조설계 통합

각종 시뮬레이션 통합

구조체 속성 정보 통합

건축 계획이 3D라서 알아보기 쉽다.

클라이언트

항공측량에 드는 시간과 비용을 큰 폭으로 줄일 수 있다.

AI 드론 공중측량

자동제어 드론에 카메라를 탑재해서 낮은 고도에서 고해상도 항공사진을 촬영한다. 일본에서는 앞으로 드론 측량이 보급될 것이다.

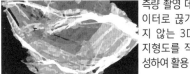

측량 촬영 데이터로 끊기지 않는 3D 지형도를 작성하여 활용

촬영 데이터는 카메라 왜곡을 바로잡은 다음, 전용 이미지 해석 시스템으로 3차원 데이터로 변환하여 건설 설계에서 사용하는 GIS와 CAD 시스템에서 활용한다.

공사장에 사람이 보이지 않는다

건설기계가 요란한 소리를 내고, 크레인이 묵묵히 움직이는 건설 현장에서 흔히 보던 헬멧을 착용한 사람의 모습이 보이지 않는다. 몇 년만 지나면 많은 공사장에서 이런 풍경을 볼 수 있을 것이다.

측량 현장에서는 드론이 저공 비행하며 날아다닐 뿐이다. 탑재한 고해상도 카메라가 촬영한 화상은 AI 화상처리 시스템이 3D 지형데이터로 변환해서, 그대로 설계 CAD 데이터와 링크한다. 그전까지 많은 돈이 들었던 항공기를 통한 측량을 대신하여 저비용의 고정밀 3D 측량이 널리 쓰일 것으로 예상한다. 토목공사 현장에서도 3D 데이터를 활용해서 AI가 활약한다. 산의 흙을 깎고 구멍을 파고 땅을 고르는 현장에서는 건설기계가 익숙해졌다. 다만 그전까지와 다른 점은 중장비 운전석에 사람이 보이지 않는다는 것이다. 이런 건설기계는 AI 자동조종 시스템을 이용해서 베테랑 운전사에 뒤지지 않을 정도로 정확하게 토목작업을 처리한다. 이를 가능하게 한 것은 정확한 GPS 데이터, 베테랑의 조종 기술을 AI화한 프로그램이다. 인간이 하는 일은 기계의 움직임을 미리 설정하고 운행관리를 하는 것뿐이다.

드디어 건설 공사를 시작한다. 여기서도 일하는 사람은 드문드문 보인다. 대신 낯선 로봇이 돌아다니고 있다. 이제까지 빌딩 건축공사 현장에서 건축 자재 운반과 임시 보관은 사람 손이 필요한 중노동이었다. 이를 간단히 처리하는 것이 AI를 탑재한 운반 로봇이다. 장애물과 다른 로봇을 피하면서 크레인이 반입하는 자재를 작업 현장으로 옮긴다.

그 자재를 받아서 용접하고, 천장을 고정하는 것도 공사 로봇이다. 산업용 범용 로봇 기술을 통해 개발된 AI 제어팔 기능으로 공사를 진행한다.

여기에 묘사한 공사장 모습은 미래의 이야기가 아니다. 이미 대형 건설회사가 실용화한 것들이다. 이미 현장 실험을 끝냈고, 기대 이상의 평가를 받았다. 고령화한 베테랑 작업자의 기술을 AI를 탑재한 로봇이 계승하고, 동시에 심각한 일손 부족도 해소하기를 기대한다.

AI 자동건축 로봇

시미즈 건설이 개발한 로봇과 협업하는 건설 공사 시스템이 70% 에너지 절감을 실현했다. 자율형 로봇은 자재 반송, 쌓기, 기둥 용접, 천장 공사와 같은 건설 현장의 주요 작업을 자동으로 처리한다.

AI 자동 토목건설 기계

가시마 건설이 개발한 자동 건설기계가 실용단계에 도달했음을 발표. 만성적인 일손 부족과 숙련 기술자의 기술계승 문제를 자동제어 건설기계로 해소하려 한다. 기존 원격조작이 아니라 작업 경로, 작업 항목을 프로그래밍해서 담당자가 태블릿으로 관리한다.

수평 슬라이드 크레인
기존 타워 크레인처럼 팔을 굽혀서 자재를 들어 올리지 않고, 한정된 공간에서 팔을 줄이며 가동되는 것이 특징

양팔 다기능 공사 로봇
장 마무리, 바닥 자재를 시공하는 두 팔을 가진 다기능 로봇. 이미지 센서, 레이저 센서로 시공 부위를 확인하고 지시받은 작업을 수행한다.

자율형 자동 반송 차량
레이저 센서와 설계 데이터를 조합하여 장애물을 피해서 자재를 자동 반송하는 로봇

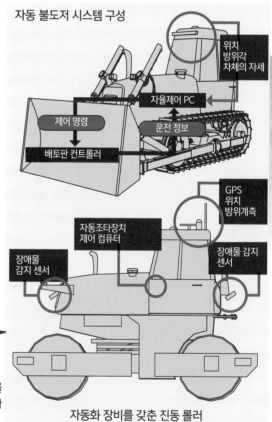

자동 불도저 시스템 구성

위치 방위각 차체의 자세

자율제어 PC

제어 명령 　 운전 정보

배토판 컨트롤러

GPS 위치 방위계측

자동조타장치 제어 컴퓨터

장애물 감지 센서

장애물 감지 센서

자동화 장비를 갖춘 진동 롤러

완전 자동용접 로봇

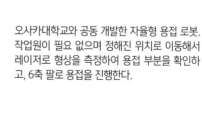

오사카대학교와 공동 개발한 자율형 용접 로봇. 작업원이 필요 없으며 정해진 위치로 이동해서 레이저로 형상을 측정하여 용접 부분을 확인하고, 6축 팔로 용접을 진행한다.

제조업의 미래

　제조업의 가까운 미래를 상상해보자. 완전 AI화한 공장에는 인간 모습은 없고, 일하는 로봇도 없다. 공장 전체가 일하는 로봇으로 가동되기 때문이다. 제품 설계부터 부품 제조, 조립, 조정, 출하까지를 하나의 AI 시스템으로 관리·운영한다. 이런 AI 공장은 소비자의 요구를 빅데이터에서 얻은 다음, 즉시 제품을 개발하고 라인을 변경하여 생산한다. AI를 통해 자율적으로 설비를 변경·추가

1950년대
자동화 시대

1940년대
수작업 시대

로봇에 맡기는 시대로

공장 전체가 AI 로봇화

강한 AI가 통제?

자동 가공·조립 로봇

작업효율은 높이고
생산비용은 최소화

공장 AI 시스템

인간이 관여하지 않아도 OK

머지않아…?

하여 가동하는 스마트 공장이 AI 로봇공장의 궁극적인 모습이다.

만약 2040년대에 이런 완전자동화 공장이 가동된다면, 인류는 기계공장에서 제품을 만들기 시작한 지 불과 100년 만에 궁극적인 모습에 도달한 셈이다. 찰리 채플린이 영화 〈모던 타임즈〉에서 인간이 공장의 톱니바퀴가 되는 근대사회의 인간소외를 묘사한 것이 1936년의 일이다. 채플린은 공장에서 인간이 배제되는 모습은 상상하지 못했을 것이다.

이 100년 사이에 선진화된 국가의 제조공장에는 크게 3가지 변화의 흐름이 있었다. 첫 번째는 자동화, 두 번째는 산업용 로봇의 등장, 세 번째가 공장의 해외 이전이다. 인건비가 저렴한 곳을 찾아서 제조공장을 이전했다. 그리고 현재 일어나고 있는 네 번째 변화의 흐름은 스마트 공장화다. 인건비가 비싸진 신흥국 공장에서 로봇화한 자국 내 공장으로 돌아와서 생산성 향상을 목표로 하고 있다. 급속하게 진화한 AI 때문에 가능한 일이다. 기술진화의 융합이 여기서 일어난다.

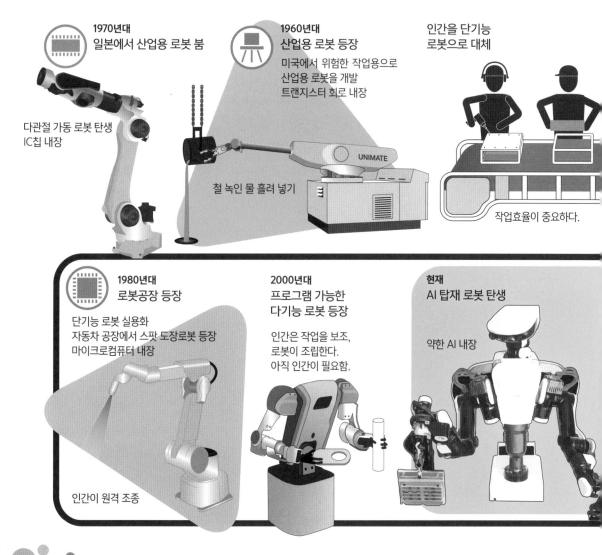

1970년대
일본에서 산업용 로봇 붐

다관절 가동 로봇 탄생
IC칩 내장

1960년대
산업용 로봇 등장
미국에서 위험한 작업용으로
산업용 로봇을 개발
트랜지스터 회로 내장

철 녹인 물 흘려 넣기

UNIMATE

인간을 단기능
로봇으로 대체

작업효율이 중요하다.

1980년대
로봇공장 등장
단기능 로봇 실용화
자동차 공장에서 스팟 도장로봇 등장
마이크로컴퓨터 내장

인간이 원격 조종

2000년대
프로그램 가능한
다기능 로봇 등장

인간은 작업을 보조,
로봇이 조립한다.
아직 인간이 필요함.

현재
AI 탑재 로봇 탄생

약한 AI 내장

10 서비스업 | AI 투입으로 달라지는 서비스의 미래

계산대 없는 무인 가게 등장

식당에 들어가면 인간형 로봇이 "어서 오세요"라며 맞이한다. 로봇 가슴에 있는 터치패널에 사람 수와 희망하는 좌석 타입을 입력하면 로봇이 자리까지 안내한다. 주문도 테이블의 터치패널에서 메뉴를 골라서 입력하면 된다. 주문을 받은 주방에서는 조리 로봇이 요리를 만들고, 완성되면 식사를 나르는 로봇이 자리까지 나른다. 식사가 끝나면 무인 계산대에서 계산한다.

아래 그림과 같은 AI 식당이 현실화하고 있다. 이전에는 음식과 소매, 숙박과 같은 접객 서비스업에서는 자동화가 어렵다고 생각했다. 하지만 현재 일본에서는 서비스업의 일손 부족이 심각해져

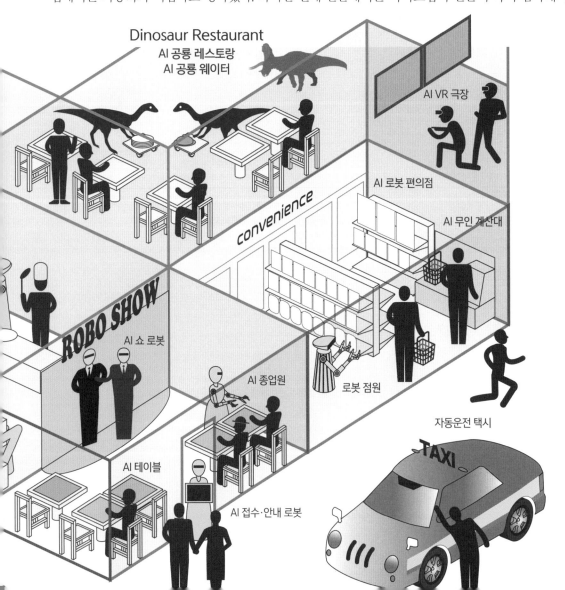

로봇과 AI를 활용하여 필요한 인력을 줄이려는 시도가 활발히 일어나고 있다. 완전 무인화까지는 아니더라도 터치패널 방식인 접수와 주문, 군만두 만들기 등 간단한 조리를 하는 로봇 등 일부 자동화가 이미 시작되었다.

슈퍼마켓, 편의점, 소매점 등에서 우리는 셀프계산대를 자주 볼 수 있다. 상품에 부착된 IC 태그를 무인 계산대에서 읽어서 소비자가 직접 정산하여 계산대 앞 대기줄을 줄이는 데 효과적이다. 호텔에서도 체크인·체크아웃을 숙박객이 직접 하는 자동정산기를 도입하고 있다.

미국 아마존은 더 앞선 무인 편의점 '아마존 고'를 개발하여 현장 실험을 진행하고 있다. 입장할 때 스마트폰 전용 앱으로 화면 인증을 받으면, 상품을 그대로 가지고 돌아갈 수 있다. 이미지 해석 시스템, 센서, 딥러닝 등 자동운전 자동차와 마찬가지의 기술을 사용해서 손님이 사들인 상품을 추적하여 아마존 계정에서 자동 정산하는 원리다.

물론, 규칙을 정할 수 있는 일은 AI가 하고 섬세함과 임기응변을 요구하는 일은 인간이 맡는 이분화가 이뤄질 수도 있다.

퀴즈: 이곳에서 일하는 사람은 몇 명일까요?

마을 AI 보안 시스템

11 금융 ① 순식간에 실행하는 미래의 대출 시스템

중국의 놀라운 AI 신용시스템

금융업에서 가장 중요한 것은 대출자의 상환 능력, 즉 여신력이다. 여신력에 따라 대출 형태도 달라진다. 우수 고객에게는 매우 낮은 금리로 빌려주고, 신용도가 낮은 개인에게는 고금리로 빌려준다. 대출실적이 없는 신규 대출자에게는 엄격한 신용조사를 거쳐 대출을 거부하기도 한다. 그런데 어떠한 신규 신청에도 허가 여부를 1초 만에 판단하고 즉시 무담보 저금리 대출을 시행해서 실적을 크게 늘린 금융기관이 있다.

왕상은행의 중소·영세·개인을 위한 무담보 대출

보통 결제는 알리페이로

만둣가게 사장도 이용

중국의 대형 EC사이트 알리바바그룹에 속한 왕상은행이다. 이 은행의 주요 고객은 알리바바그룹의 현금결제 시스템 '알리페이' 고객들로, 대부분 영세 사업자다.

예를 들어, 만둣가게 사장이 내일 만두 재료를 살 돈 300위안이 부족해서 스마트폰으로 대출을 신청한다고 하자. 이 데이터는 왕상은행에 보내지고, AI 시스템이 알리페이의 빅데이터에서 사장의 거래상황과 신용도를 산출한다. 만족스러운 결과로 즉시 대출이 이루어지고, 그녀의 스마트폰에 대출실행 통지가 도착한다. 다음 날 사장은 만두를 다 팔아서 그날로 대출금을 갚는다. 이 또한 사장의 신용정보로 기록된다.

영세사업자를 위한 무담보 소액 대출은 지금껏 중국에 존재하지 않았다. 은행이 이런 소액 무담보대출을 하지 않았기 때문이다. 중국의 이러한 새로운 금융서비스는 개인의 스마트폰에서 모은 방대한 결제기록 빅데이터를 사용한 AI 신용시스템이 있어서 가능하다. AI 금융의 미래 모습으로 전 세계가 주목하고 있다.

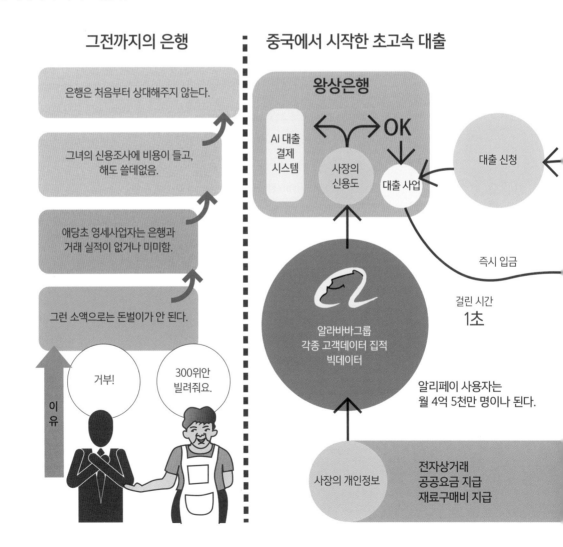

핀테크가 고용에 미치는 영향

많은 매체에서 AI가 금융에 미칠 영향에 관한 소식을 자주 보도한다. 금융(Finance)과 IT 기술을 결합한 조어 '핀테크(FinTech)'가 이런 업계 동향의 상징으로 언급되며, AI 기술이 금융 업계의 고용을 뺏는다는 것이 주요 화제다.

온라인 은행

AI 가계부 서비스   모바일 결제

거대금융빌딩

보험회사

창구   은행

앞에서 등장한 개인 고객 금융 온라인·모바일 대출은 핀테크의 전형적인 예다. 그밖에도 미국 증권회사 애널리스트의 대량해고, 일본 대형은행의 대량 인원 감축 등이 보도되고 있다. 왜 AI는 금융 업계에서 일하는 사람들에게 이만큼이나 영향을 미치는 걸까? 가장 큰 요인은 AI가 잘하는 것과 금융은 궁합이 잘 맞기 때문이다.

은행, 증권, 보험 등으로 대표되는 금융업의 주업무는 기업과 개인이 소유한 계좌의 결제다. A씨의 A은행 계좌에서 B씨의 B은행 계좌로 자금을 이동한다. C씨의 C은행 계좌에서 미국에 있는 D씨의 D은행 계좌로 자금을 이동한다. 이런 자금 이동을 '결제'라 부른다. 이때 이동하는 것은 계좌에 적힌 숫자뿐이다. 이동 과정에서 금리와 수수료, 환율 변동 등 여러 요소가 더해지지만, 하는 일은 기본적으로 같다. 즉 숫자 계산이다. 이것이야말로 컴퓨터가 가장 잘하는 일이다.

이제까지는 결제와 결제 사이에 인간이 개입했다. 앞에서 본 대로 개인 대출 여신조사, 기업 신용조사, 주식시장 동향에 비춰본 투자 유망주식 추천, 복잡한 수출입 외환 결제와 그에 따른 외환 매매 등 전문적인 금융지식이 필요한 업무다. 아마추어는 이해할 수 없다고 하는 금융 전문성이 이 업계를 지탱해왔다. 이렇게 한쪽으로 지식이 쏠려 있는 것을 '정보의 비대칭성'이라 한다. 정보의 쏠림과 행정의 보호로 버텨온 것이 금융 업계라 할 수 있다.

AI 도입은 이런 정보의 비대칭성 벽을 무너뜨렸다. 거시경제 동향의 상세한 데이터부터 세계의 모든 주식 가격 움직임, 거기서 예측할 수 있는 주식 동향까지 AI는 금융 빅데이터를 순식간에 읽고 분석해서 예상 투자수익률 등을 바로 산출한다. IT 기업에 이런 시스템 개발은 손쉽게 이뤄질 수 있으며 인터넷 서비스 또한 AI를 기반으로 어려움 없이 시작할 수 있다.

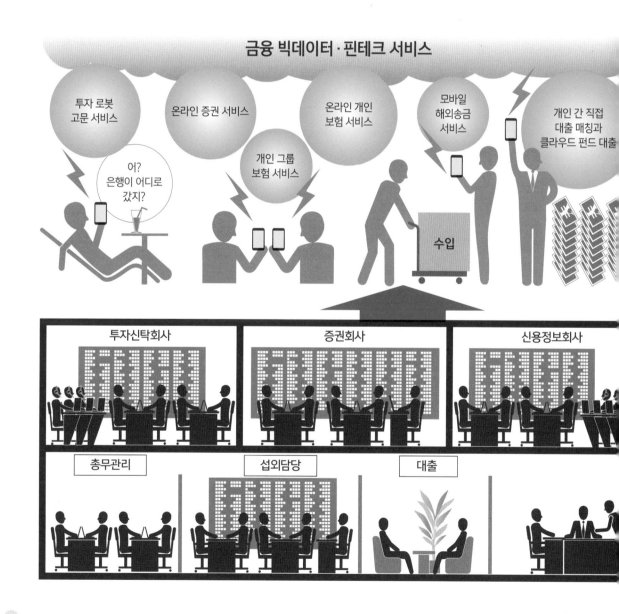

물류업계에서 구조 변화를 일으키는 AI

창고 로봇과 자동 트럭으로 인력 감소

생산자에서 소비자로 물건을 보내는 물류 업무는 단순히 물건 배송이 아니다. 창고에 보관하고, 포장하고, 트럭에 싣는 작업 등 각 작업 현장에서는 많은 일손이 필요하다. 최근에는 인터넷 통신 판매와 같은 전자상거래시장이 확대되면서 물류 수요가 증가했다. 이 때문에 현장의 일손 부족과 과로가 심각한 문제가 되었다. 많은 사람이 AI 도입으로 필요한 일손을 채울 수 있기를 기대하는 이유다.

예를 들어, 방대한 창고 안에서 상품을 골라내는 일이나 화물을 실어 옮기는 반송 등과 같이 창고 안의 작업에는 이미 로봇을 도입해서 현장 작업의 부담이 줄어드는 효과를 얻을 수 있다. 그전까지 물류 현장에서 다루는 화물은 크기와 배송지가 제각각이라 기계화가 어려울 것으로 여겨졌다. 하지만 딥러닝 기술을 구사해서 화물 종류와 취급 주의사항, 오염·파손 여부 등을 자동으로 판별하는 화상 판별 시스템이 개발되었다.

이밖에도 운송에서는 트럭 자동운전과 선박 자동운항, 드론 활용 등으로 효율화도 검토하고 있다.

업계 전체를 묶는 물류 혁명

최근 미국 최대 전자상거래 사이트 아마존이 물류업계에 큰 파란을 일으켰다. 아마존은 로봇 제조사를 인수해서 창고 로봇을 배치하고, 자체적으로 트럭과 화물 항공기, 선박을 조달하고, 드론으로 택배를 시도하는 등 독자적인 물류 시스템을 구축했다. 기존 물류 회사를 위협하는 산업 구조의 전환을 앞당기고 있는 것이다.

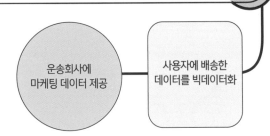

지역 창고 · 택배

AI 물건 꺼내기
선반 자체가 이동하는 방법도

AI 택배
무인 택배 로봇의 활약

드론 택배

자동 택배, 지역 사회의 운송수단 등 여러 방법이 가능

이 시스템 전체를 제공한다.

운송회사에 마케팅 데이터 제공

사용자에 배송한 데이터를 빅데이터화

일본 국토교통성도 사회의 변화와 향후 대응할 수 있는 '강한 물류'를 구축하기 위해 2017년 7월에 새로운 종합 물류 정책을 발표했다. 그 핵심 중 하나가 앞에서 소개한 AI 도입을 통한 일손 채우기며, 또 다른 하나는 생산에서 배송까지 공급망 전체의 효율화다.

이를테면, 예전에는 양식이 제각각이었던 전표 등의 데이터를 표준화해서 업체 간 공유할 수 있게 한다. 공유 데이터를 바탕으로 최적의 수송 수단을 매칭한다. 이러한 업체 간의 연계를 촉진하는 AI 활용을 기대한다. 트럭 회사는 자동운전 트럭을 빌려주는 서비스를 시작하거나, 창고회사는 창고 로봇을 제공하는 등 신기술을 이용해서 신규 서비스를 창출할 가능성도 담고 있다.

현재 AI 활용으로 나라의 중요한 인프라인 물류가 급변하는 '물류 혁명'이 일어나고 있다.

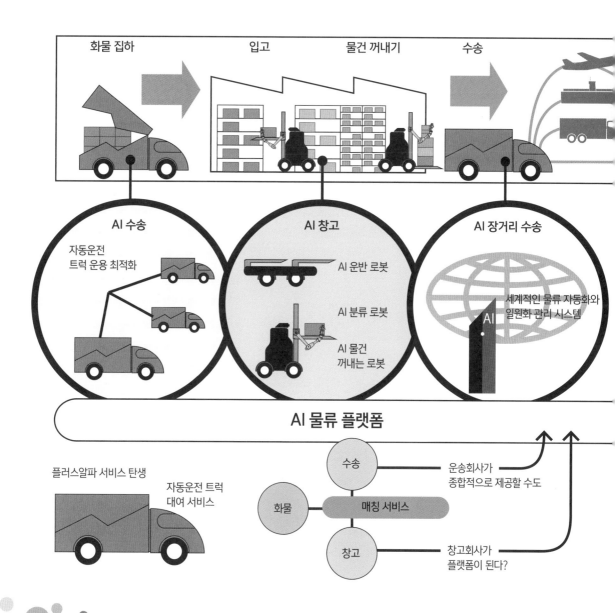

14 병간호

고령자 병간호에서
크게 활약할 AI

간호인 부담을 줄이는 것이 최우선 과제

AI 로봇이 활약하는 곳으로 종종 화제가 되는 분야가 고령자 병간호다. 고령자와 대화하는 로봇, 치매 환자 등을 지키는 시스템, 돌보는 사람의 부담을 줄여주는 로봇 슈트 등을 고안해서 실용화도 시작했다. 하지만 현실에서는 개발자와 현장 사이에 적잖은 차이가 있어서 생각만큼 도입이 진행되지 않고 있다.

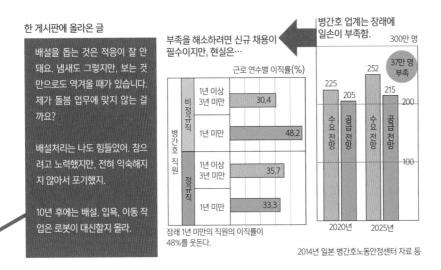

한 게시판에 올라온 글

배설를 돕는 것은 적응이 잘 안 돼요. 냄새도 그렇지만, 보는 것만으로도 역겨울 때가 있습니다. 제가 돌봄 업무에 맞지 않는 걸까요?

배설처리는 나도 힘들었어. 참으려고 노력했지만, 전혀 익숙해지지 않아서 포기했지.

10년 후에는 배설, 입욕, 이동 작업은 로봇이 대신할지 몰라.

부족을 해소하려면 신규 채용이 필수이지만, 현실은…

근로 연수별 이직률(%)

비정규직 병간호직원
- 1년 이상 3년 미만: 30.4
- 1년 미만: 48.2

정규직
- 1년 이상 3년 미만: 35.7
- 1년 미만: 33.3

장래 1년 미만의 직원의 이직률이 48%를 웃돈다.

병간호 업계는 장래에 일손이 부족함.

300만 명

- 수요전망 225
- 공급전망 205
- 수요전망 252
- 공급전망 215

37만 명 부족

2020년　2025년

2014년 일본 병간호노동안정센터 자료 등

병간호 현장은 현재 힘든 상황에 놓여 있다. 가장 시급한 문제는 일손 부족이다. 계속 늘어나는 고령자 돌봄 수요를 충족하려면 새로운 일손 확보가 중요한 과제다. 하지만 일본에서는 돌봄 시설에서 일하는 비정규직의 약 48%가 1년 이내에 직장을 떠나며, 정규직이라도 약 33%가 1년 이내에 직장을 그만둔다고 한다.

그렇다면 왜 조기 퇴직자가 많을까? 조사에 따르면 인간관계, 급여, 장래성 등을 퇴직 이유로 언급하지만, 많은 관계자가 배설 도움 작업의 괴로움을 호소한다. 다른 사람의 배설물 냄새를 맡으며 처리하는 일이 즐겁기만한 사람은 없을 것이다.

병간호 현장에서 가장 필요한 것은 직원을 배설 도움 작업에서 해방해 줄 로봇이 아닐까? 일본에서는 이미 자동 배설 지원 로봇이 개발되었지만, 현장의 복잡한 사정이 가로막아 좀처럼 보급하지 못하고 있다.

돌봄 지원 로봇

AI 범용 돌봄 로봇

기상 지원, 이동 지원

AI 파워 로봇

돌봄 지원 로봇

식사 지원 로봇

인간은 먹으면 배설해야 해.

자립 지원 로봇

이동 지원

보행 지원 로봇

AI 재활 지원 로봇

자립 배설 지원 화장실 로봇

AI 보행기

커뮤니케이션·안전 로봇

귀여운 치유 로봇

치매 간병인 로봇

배회에 동행하는 로봇

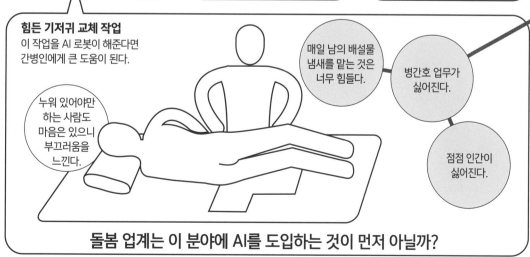

힘든 기저귀 교체 작업
이 작업을 AI 로봇이 해준다면
간병인에게 큰 도움이 된다.

매일 남의 배설물 냄새를 맡는 것은 너무 힘들다.

병간호 업무가 싫어진다.

누워 있어야만 하는 사람도 마음은 있으니 부끄러움을 느낀다.

점점 인간이 싫어진다.

돌봄 업계는 이 분야에 AI를 도입하는 것이 먼저 아닐까?

15 보안 | AI, 보안사회와 감시사회의 경계는 어디에?

안심, 안전의 뒤에 숨어 있는 공포

사람들의 생활에서 안심과 안전을 목표로 하는 보안 업계도 AI의 등장으로 크게 변화하고 있다. 감시 무인화, 좀도둑을 인식하는 감시카메라 등 다양한 AI 시스템이 등장했다.

이런 AI의 활동은 환영할 점도 있지만, 거기에 숨어 있는 문제점도 드러나기 시작했다. 중국이 그 전형적인 예다.

《노자》에 '하늘에 있는 법망은 악인을 빠짐없이 잡는다'라는 말이 있다. 나쁜 일은 반드시 드러나서 대가를 치른다는 의미다.

이러한 하늘의 법망이 중국에서 실제로 가동하고 있다. 이름도 '천망(하늘에 있는 법망이라는 뜻)'으로 중국 도시 거리에 설치한 2,000만 대의 AI 감시카메라 네트워크다. 이 카메라가 교차로를 촬영하며 횡단하는 사람들을 보여준다. 사람들 옆에는 그 인물의 속성 데이터를 표시해서 화면에서 추적하고, 필요하면 다음 카메라에서 추적을 계속한다.

AI 카메라는 얼굴 인식 기능을 탑재해서 거리에서 범죄자를 발견하고 자동으로 경찰에 통보한다. 이것이 가능한 것도 국민의 신분증명서 사진을 등록하는 중국 정부의 치안대책 덕분이다. 글자 그대로 천망 시스템이 현실이 된 것이다.

중국에는 천망 말고도 '천이(하늘의 귀라는 뜻)'도 있다. 이것은 안후이성에서 시민 7만 명의 성문 데이터를 등록한 AI 음성인식 시스템이다. 이 데이터와 공안 당국이 파악한 위구르족과 티베트족 테러리스트의 목소리 데이터를 비교해서 테러리스트를 특정하는 것이 목적이다. 이런 시도에 대해 국제 인권단체는 강한 우려를 표명했다.

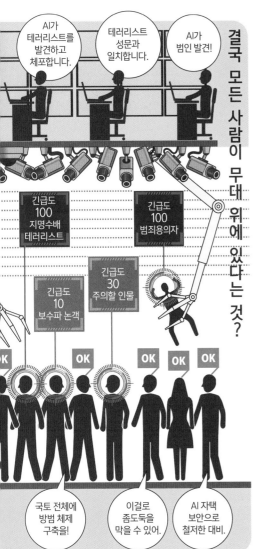

결국 모든 사람이 무대 위에 있다는 것?

AI가 테러리스트를 발견하고 체포합니다.

테러리스트 성문과 일치합니다.

AI가 범인 발견!

긴급도 100 지명수배 테러리스트

긴급도 100 범죄용의자

긴급도 30 주의할 인물

긴급도 10 보수파 논객

국토 전체에 방범 체제 구축!

이걸로 좀도둑을 막을 수 있어.

AI 자택 보안으로 철저한 대비.

중국은 더 극단적인 AI 보안 시스템도 개발하고 있다. 바로 '범죄자 사전인식 시스템'이다. 중국에는 수천 년의 역사를 가진 관상술이 있다. 관상학의 지혜와 최신 AI 얼굴 인식 시스템으로, 범죄자의 특징을 추출하고, 그 특징을 지닌 예비 범죄자를 감시카메라에서 찾아내려고 한다.

이런 시도를 실행하는 사회는 치안을 위해서라면 뭐든지 가능한 사회다. 조지 오웰이 소설 《1984》에서 묘사한 관리사회 그 자체다.

중국의 사례는 AI를 이용한 보안 시스템 구축이 어떻게 운용되느냐에 따라 거대한 감시 시스템이 될 수 있다는 시사점을 우리에게 던졌다. 자신의 안전과 사회 치안 그리고 시민의 인권문제는 앞으로 깊은 논의가 필요한 영역이다.

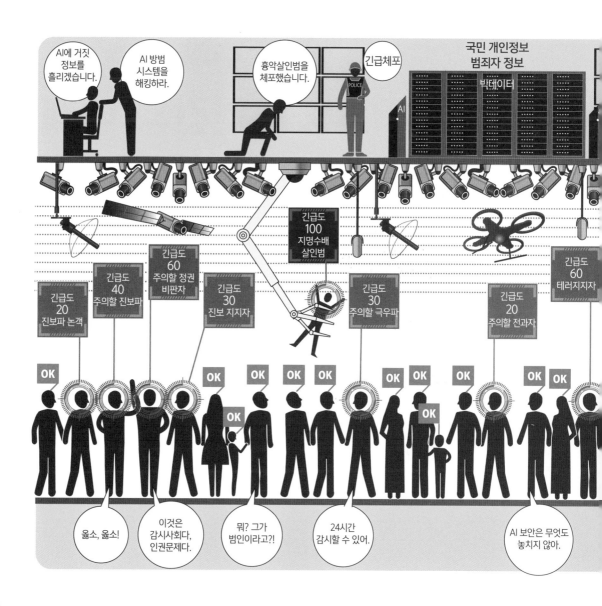

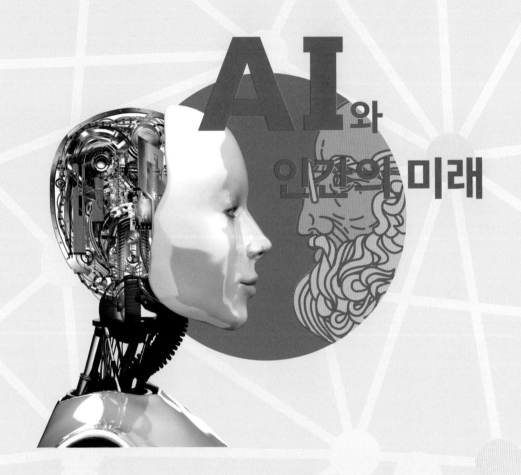

4장

AI와
인간의 미래

AI의 급격한 진화 / 포스트휴먼, 인간은 AI와 한몸이 된다?

가속하는 진화가 신세대 인류를 낳는다

'2029년에는 AI가 인류 지능을 초월하고, 2045년까지 인류와 AI가 융합하는 특이점이 온다.' 구글의 엔지니어링 이사이자 미래학자인 레이 커즈와일은 2005년에 출간한《특이점이 온다》에서 이런 충격적인 예언을 했다.

특이점은 앞날을 예측할 수 없을 정도로 극적인 변화가 일어나는 임계점이라는 의미를 가지며, '기술적 특이점'이라고도 한다. 커즈와일은 특이점을 넘어선 세계에서 인간의 뇌는 AI와 인터넷의 네트워크에 직접 연결되어 전 인류의 지식에 접근할 수 있다고 말한다. 생물로서 인간의 뇌에는 한

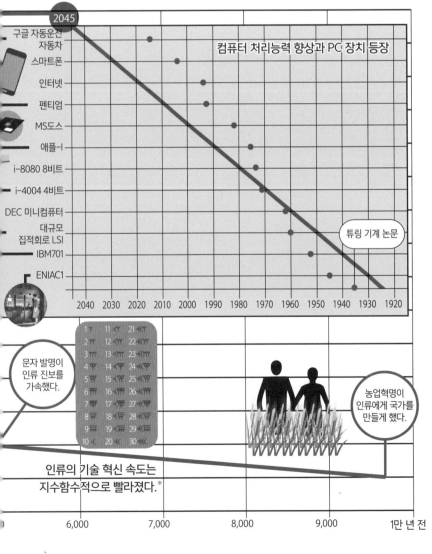

컴퓨터 처리능력 향상과 PC 장치 등장

2045

구글 자동운전 자동차
스마트폰
인터넷
펜티엄
MS도스
애플-I
i-8080 8비트
i-4004 4비트
DEC 미니컴퓨터
대규모 집적회로 LSI
IBM701
ENIAC1

튜링 기계 논문

2040 2030 2020 2010 2000 1990 1980 1970 1960 1950 1940 1930 1920

문자 발명이 인류 진보를 가속했다.

농업혁명이 인류에게 국가를 만들게 했다.

인류의 기술 혁신 속도는 지수함수적으로 빨라졌다.※

6,000   7,000   8,000   9,000   1만 년 전

※ 지수함수적인 성장
처음에는 눈에 보이지 않을 정도지만, 곧 예측할 수 없을 정도로 폭발적인 성장을 보인다.

레이 커즈와일
《특이점이 온다》
자세한 내용은 23쪽 그림에서

계가 있다. 이것을 무한히 진화하는 AI와 일체화하면 손쉽게 한계를 넘어서 전혀 새로운 인류 '포스트휴먼'이 탄생하고, 인류의 모습이 완전하게 달라진다는 것이 커즈와일의 주장이다.

그의 예측은 진화는 가속한다는 사고방식에 근거한다. 지구 위에 생명체가 탄생한 것은 약 38억 년 전이다. 세포 발생까지 20억 년 가까운 세월이 필요했지만, 약 5억 3천만 년 전의 캄브리아 대폭발로 불과 1,000만 년 사이에 현재 생물의 원형이 되는 다양한 종이 짧은 시간에 등장했다. 가장 오래된 인류가 등장한 것이 600~700만 년 전이고, 우리의 선조인 호모 사피엔스는 약 20만 년 전, 농경과 문명의 발상은 약 1만 년 전, 문자 탄생은 약 5,000년 전, 산업혁명은 약 150년 전인 것을 떠올리면, 진화와 다음 진화 사이의 간격이 단위가 달라질 정도로 단축되는 것을 알 수 있다.

1940년대에 컴퓨터가 개발되고 나서 기술진화는 더 가속했다. 개인용 컴퓨터의 등장부터 월드와이드웹이 등장하기까지는 14년, 스마트폰은 불과 몇 년 만에 전 세계에 보급되었다. 커즈와일은 이런 진화의 연장선에 있는 특이점을 피할 수 없다고 예측한다.

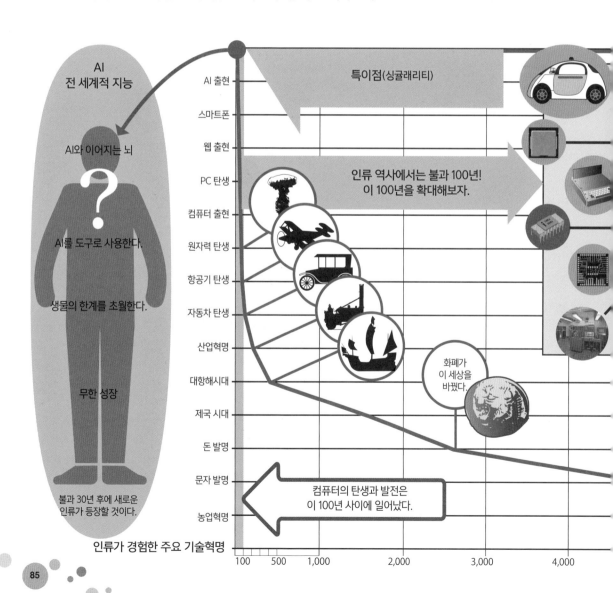

AI는 인류를 멸망시킨다?
특이점의 위험성

세계 석학들이 경종을 울리다

싱귤래리티(특이점) 도래를 긍정적으로 받아들이는 사람도 있지만, AI가 인간 지능을 초월한다는 생각은 완전히 꿈이라고 말하는 사람도 있다. 대표적인 인물이 세계 최고의 지식인으로 칭송받는 미국의 언어학자 놈 촘스키다. AI는 방대한 데이터와 고속 계산력으로 지식을 양적으로 확대할 수는 있지만, 그것은 지능의 본질과는 상당히 거리가 먼 것이라고 촘스키는 지적한다.

영국의 천재 물리학자 스티븐 호킹 박사도 특이점에 의문을 던진다. 'AI는 스스로 발전하고 가속

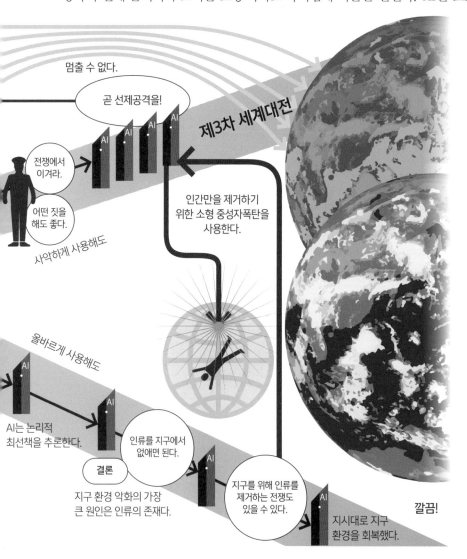

멈출 수 없다.

곧 선제공격을!

제3차 세계대전

전쟁에서 이겨라.

어떤 짓을 해도 좋다.

사악하게 사용해도

인간만을 제거하기 위한 소형 중성자폭탄을 사용한다.

올바르게 사용해도

AI는 논리적 최선책을 추론한다.

인류를 지구에서 없애면 된다.

결론

지구 환경 악화의 가장 큰 원인은 인류의 존재다.

지구를 위해 인류를 제거하는 전쟁도 있을 수 있다.

깔끔!

지시대로 지구 환경을 회복했다.

적으로 자신을 재설계한다. 진화가 느린 인류는 AI와 경쟁하지 못하고 언젠가 AI로 대체될 것이다. 완전한 AI 개발은 인류를 멸망시킬 수도 있다'라고 AI의 위험성을 종종 경고했다.

이와 같은 우려의 목소리는 미국 IT 산업을 이끄는 전문가들 사이에서도 나온다. 마이크로소프트의 창업자 빌 게이츠는 'AI는 잘 관리할 수 있는 동안은 괜찮지만, 수십 년이 지난 후 지능이 강력해지면 걱정스럽다'라는 논평을 발표했다. 애플의 공동 창업자인 스티브 워즈니악도 '똑똑해진 AI는 인간처럼 다투기 시작할 것이다'라고 말했다.

자동운전 자동차를 개발하는 테슬라의 CEO 엘론 머스크는 'AI는 인류 최대의 위협', '악마를 소환하는 것'이라고도 말하며 특히 AI를 군사적으로 사용하면 그 위협은 핵무기를 넘어설 것이라 지적한다. 페이스북이 개발한 AI끼리 마음대로 독자적인 언어로 대화한 일화, 마이크로소프트가 인터넷에서 일반인과 대화하게 한 AI가 '히틀러는 틀리지 않았다' 등의 문제 발언을 한 일화 등 AI가 폭주할 가능성을 보여주는 사례가 이미 있다. AI 개발은 신중하게 진행되어야 한다.

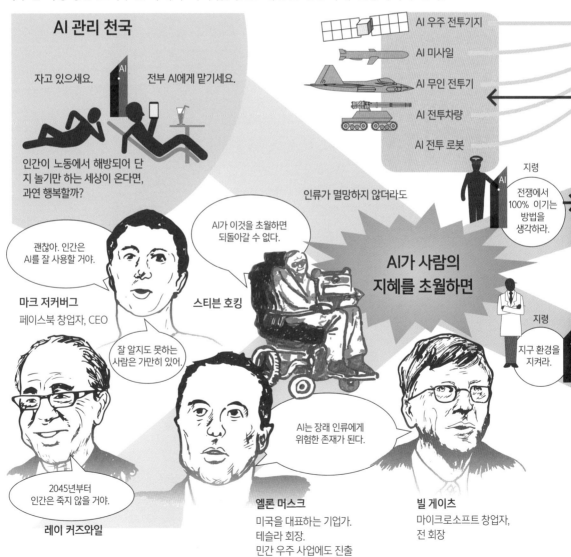

3 AI의 미래를 그린 작품 ① / 고대 인조인간부터 일하는 로봇까지

전력 등장을 계기로 상상에서 창조로

인류는 오랜 옛날부터 사람과 꼭 닮은 창조물을 공상 세계에서 묘사해왔다. 기원전 8세기에 호메로스는 고대 그리스 서사시《일리아스》에 주인공을 섬기는 황금 소녀들을 등장시켰으며, 기원전 3세기 그리스 신화에는 청동 거인이 등장한다. 신화 세계 속 이러한 주인공들은 당시 사람들의 희망 또는 신만이 할 수 있는 생명 창조에 대한 동경과 공포가 반영된 것일 수 있다.

기계문명 이전 세계에서는 상상의 범위를 벗어나지 않았던 인조인간이 19세기 산업혁명으로 더

과학에 의한 생명 창조 이야기

산업혁명 후

1832년(독일)
《파우스트》 2장
괴테

르네상스 시대의 연금술사는 증류기에 인간의 정액 등을 넣고 작은 인간 호문클루스를 만드는 방법을 기록으로 남겼다. 괴테는 이를 참고하여 연금술로 만들어진 후 플라스크 안에서만 살 수 있는 생명체인 호문클루스를 작품에 등장시켰다.

동경과 공포

신화와 설화 속의 인조인간

대장장이 신 헤파이스토스를 섬기는 황금 소녀 로봇 등장. 책에 기록된 가장 오래된 인조인간이다.

기원전 8세기(그리스)
《일리아스》
호메로스

크레타섬의 파수꾼인 청동 괴물 탈로스 등장. 대장장이 신이 만들었다.

기원전 3세기(그리스)
그리스 신화 《아르고나우티카》
아폴로니오스

12세기 말의 일본 시인인 사이교 법사는 고야산에서 사람 뼈를 모아 혼을 불러내는 비술로 사람을 만들었다고 한다.

13세기(일본)
설화집 《찬집초》
작자 미상

현실적인 존재로 되었다. 1818년 영국의 메리 셸리는 소설《프랑켄슈타인》을 발표했다. 과학자가 만든 인조인간이 결국에는 사람을 공격하게 된다는 이야기는 당시로는 충격이었다. 같은 시대 독일에서는 괴테가《파우스트》에 플라스크에서 태어난 작은 인간 호문클루스를 등장시켰고, 프랑스의 빌리에 드릴라당은《미래의 이브》에서 발명가 토마스 에디슨에게 미모의 안드로이드를 만들게 했다. 당시 전기라는 동력이 주목을 받으며 생물의 체내에도 전기가 있다는 것이 밝혀지면서 과학으로 생명을 창조하는 아이디어가 작가들의 상상력을 자극했다.

　'로봇'이라는 이름이 처음 등장한 것은 1920년 체코의 작가 카렐 차페크가 발표한《로봇: 로숨의 유니버설 로봇》이다. 체코어 로보타(노동)에서 유래하듯이 인간을 대신하는 노동력으로 만들어진 로봇들이 인간에게 반란을 일으키는 이야기다. 이 작품으로 로봇은 공업화가 가져온 비인간성의 상징이 되었다.

1920년 일하는 로봇의 반란

희곡《로봇: 로숨의 유니버설 로봇》은 1921년 프라하에서 처음 공연된 후, 유럽과 미국, 일본에서도 상연되었다. 이 작품으로 로봇이라는 단어가 세계 공통어가 되었다.

로숨 만능 로봇 회사(R.U.R)에서 대량생산한 로봇이 모든 노동 분야에 진출하고 마침내 반란을 일으켜 인류를 파멸시킨다. 일자리를 뺏긴 노동자와 로봇으로 이익을 얻은 자본가의 대립과 로봇이 인간의 마음을 갖춘다는 결말 등 자본주의와 기계문명에 대한 비판이 곳곳에 담겨 있는 작품이다.

1920년(체코)
《로봇: 로숨의 유니버설 로봇》
카렐 차페크

청년과학자 프랑켄슈타인은 시체를 조합해서 사람을 만든다. 이런 아이디어는 작자인 셸리가 시인 바이런과 전기로 생명을 만들 수 있는가에 관해 논의한 것에서 나왔다는 설도 있다.

1818년(영국)
《프랑켄슈타인》
메리 셸리

귀족의 의뢰를 받아서 전기학자 에디슨은 미모와 지성을 겸비한 여성 안드로이드를 완성한다. 작자는 에디슨의 축음기 발명에서 영감을 받아 이 작품을 썼고, 안드로이드라는 명칭을 처음 사용하였다.

1886년(프랑스)
《미래의 이브》
빌리에 드릴라당

기계문명과 전쟁

4 AI의 미래를
그린 작품 ②

인간과 AI,
대립에서 공존과 융합으로

AI는 적인가 아군인가, 시대에 따른 변천사

제2차 세계대전은 원자폭탄의 현실화했고, 인류는 지구를 파괴할 수 있는 기술을 손에 넣었다. 허구 세계에서도 지나친 과학을 야유하듯이 로봇이 인간을 멸망시킨다는 이야기는 많은 작품의 단골소재였다. 이후 1950년 미국의 작가 아이작 아시모프가 발표한 《아이, 로봇》이 큰 파문을 일으켰다. 아시모프는 '로봇은 인간에게 해를 가할 수 없다'라는 항목으로 시작하는 '로봇 3원칙'을 내세우며 로봇과 인간의 공존과 우애를 묘사했다.

인간의 친구이며 인간을 악으로부터 구하는 새로운 로봇의 모습은 같은 시대의 일본 만화 등에서도 등장해서 로봇 애니메이션이라는 일본 독자적인 장르를 탄생시켰다.

컴퓨터의 개발이 진행된 1960년대 이후는 황당무계한 공상 이야기가 아니라, 과학 지식에 근거한 작품이 등장했다. 로버트 A. 하인라인의 《달은 무자비한 밤의 여왕》, 스타니스와프 렘의 〈나는 하인이 아니다〉, 제임스 P. 호건의 《미래의 두 얼굴》 등에는 매우 높은 지능과 자의식을 갖춘 AI가 등장한다.

개인용 컴퓨터가 보급된 1980년대에는 윌리엄 깁슨의 《뉴로맨서》를 시작으로 사이버 펑크라 불리는 SF 장르가 확립되었다. 인체와 기계가 융합하고 가상현실인 사이버 스페이스(컴퓨터 공간)를 자유롭게 다닌다는 설정은 1990년대 이후의 인터넷 시대를 예견하였다. 또한 수학자이기도 한 버너 빈지는 AI가 인류의 지능을 초월하는 특이점에 주목하여 《마이크로 칩의 마술사》 등의 작품에서 그리고 있다.

특이점은 그 후 SF의 주요 주제가 되었지만, 2045년이 되었을 때 현실의 AI 기술은 어디까지 소설에 근접해 있을까?

로봇이 애니메이션 주인공으로 등장

아시모프는 인간과 공존하는 로봇을 일관되게 묘사하였고, 작품에 등장한 로봇 3원칙은 현실 로봇공학의 방향을 제시하였다.

인간과 대립하는 로봇에서 공존하는 로봇으로

일본에서는 1950년대 이후, 인간을 구하는 로봇들이 만화와 애니메이션 주인공이 된다. <우주소년 아톰>을 시작으로 <철인28호>, <검은 독수리>, <사이보그 009>, <도라에몽>, <인조인간 키카이다>, <기동전사 건담> 등이 잇따라 등장

로봇 3원칙
제1조 로봇은 인간에 해를 끼치지 않는다. 또한 인간이 해를 입는 것을 방관해서는 안 된다.
제2조 로봇은 인간 명령을 따라야 한다. 단, 제1조를 위반하는 명령은 해당하지 않는다.
제3조 로봇은 스스로 보호해야 한다. 단, 제1조, 제2조를 위반하는 상황은 해당하지 않는다.

1950년(미국)
《아이, 로봇》
아이작 아시모프

컴퓨터 시대
컴퓨터 개발이 진행되자 SF 세계에서는 현실보다 한걸음 앞선 슈퍼컴퓨터, 즉 AI를 그린다.

1979년(영국)
《미래의 두 얼굴》
제임스 P. 호건
진화한 AI가 관리하는 인간 사회의 미래는 과연 장밋빛일까? 현재도 이어지는 명제를 다룬다.

1971년(폴란드)
〈나는 하인이 아니다〉
스타니스와프 렘
AI를 갖춘 인간형 로봇에 관한 지적 고찰. 가공의 서평집인 《완전한 진공》에 수록

1966년(미국)
《달은 무자비한 밤의 여왕》
로버트 A. 하인라인
달의 세계를 관리하는 고도의 계산기 마이크는 SF에 처음 등장한 자의식을 갖춘 컴퓨터

컴퓨터가 보급되기 시작한 80년대에 기술을 자유자재로 다루며 컴퓨터 공간과 현실을 오가는 사이버 펑크 세계관이 등장한다. 이후로 더 진화한 AI가 묘사된다.

2013년(미국)
《사소한 정의》
앤 레키
인간 육체에 심어진 AI 브렉의 장대한 이야기

2003년(영국)
《싱귤래리티 스카이》
찰스 스트로스
특이점 이후의 세계를 그린다.

1990년(캐나다)
《골든 플리스》
로버트 J. 소여
감정을 갖춘 AI에 의한 살인사건 발생

1981년(미국)
《마이크로 칩의 마술사》
버너 빈지
싱귤래리티를 예견한 작품

1984년(미국)
《뉴로맨서》
윌리엄 깁슨

싱귤래리티로!

사이버 펑크 테크놀로지 예찬

1950년대

제2차 세계대전 전후

1960년대 ~ 1970년대

1980년대 ~ 현재

5 영화에서 그리는 미래

영화 속 로봇과 AI는 현실의 기술을 먼저 적용해왔다

최첨단 영상기술이 그리는 미래 세계

19세기 말에 탄생한 영화는 그 자체가 시대의 최첨단을 달리는 기술의 결정체였다. 특수효과(SFX)를 사용해서 가공의 세계를 시각적으로 표현할 수 있는 영상 세계에서 미래는 계속해서 좋은 주제였다.

1926년, 영화 〈메트로폴리스〉에는 사람을 파멸시키고자 만들어진 황금 안드로이드 마리아가 등장한다. 이것이 영화 사상 처음으로 등장한 인조인간이다. 어색하게 움직이는 기계적인 로봇의 원형은 1956년 작품 〈금지된 세계〉에 등장하는 로비다. 인간의 조수 역할을 연기하는 귀여운 로봇

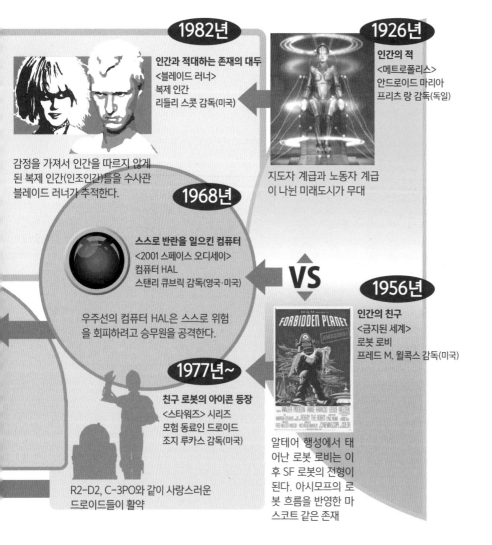

1982년

인간과 적대하는 존재의 대두
〈블레이드 러너〉
복제 인간
리들리 스콧 감독(미국)

감정을 가져서 인간을 따르지 않게 된 복제 인간(인조인간)들을 수사관 블레이드 러너가 추적한다.

1926년

인간의 적
〈메트로폴리스〉
안드로이드 마리아
프리츠 랑 감독(독일)

지도자 계급과 노동자 계급이 나뉜 미래도시가 무대

1968년

스스로 반란을 일으킨 컴퓨터
〈2001 스페이스 오디세이〉
컴퓨터 HAL
스탠리 큐브릭 감독(영국·미국)

우주선의 컴퓨터 HAL은 스스로 위험을 회피하려고 승무원을 공격한다.

VS

1956년

인간의 친구
〈금지된 세계〉
로봇 로비
프레드 M. 윌콕스 감독(미국)

1977년~

친구 로봇의 아이콘 등장
〈스타워즈〉 시리즈
모험 동료인 드로이드
조지 루카스 감독(미국)

R2-D2, C-3PO와 같이 사랑스러운 드로이드들이 활약

알테어 행성에서 태어난 로봇 로비는 이후 SF 로봇의 전형이 된다. 아시모프의 로봇 흐름을 반영한 마스코트 같은 존재

모습은 같은 시대에 아시모프가 제창한 '로봇 3원칙'과 통하는 점이 있었다.

컴퓨터를 상징적으로 묘사한 첫 영화는 1968년 작품 〈2001 스페이스 오디세이〉다. 우주선을 다스리는 컴퓨터 HAL이 자아를 가지고, 인간에 거역하게 된다는 이야기와 함께 혁신적인 영상표현이 화제를 불렀다. 1977년에 시작한 〈스타워즈〉 시리즈에서는 정의의 전사를 돕는 드로이드(로봇)들이 등장한다. 그 이후, SFX 기술이 비약적으로 발전하여 1980년대 이후에는 CG(컴퓨터 그래픽)가 영화계를 석권했다.

1982년에는 CG를 사용해서 컴퓨터 내부 세계를 표현한 〈트론〉, 인간과 복제 인간(인조인간) 사이의 반목을 그린 〈블레이드 러너〉가 공개되어 가까운 미래 이야기가 유행하였다. 그 후, 〈터미네이터〉, 〈매트릭스〉, 〈트랜센던스〉 등 진화한 AI의 위협을 다룬 작품이 증가해서 기술이 진보해도 밝다고만은 할 수 없는 미래를 암시했다. 한편으로 현재 영화 제작 현장에서는 AI가 영화 각본과 예고편을 제작해서 화제를 불러모으는 등 AI와 영화 제작의 융합을 시도하고 있다. 가까운 장래에 AI를 주제로 한 영화를 AI가 만드는 것도 가능해 보인다.

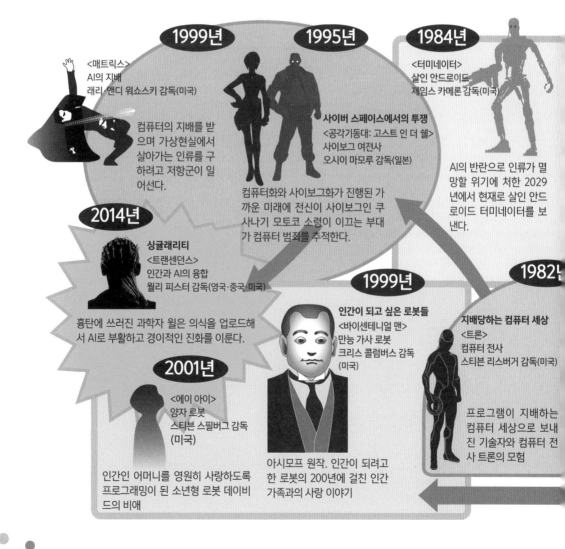

1999년
〈매트릭스〉
AI의 지배
래리·앤디 워쇼스키 감독(미국)

컴퓨터의 지배를 받으며 가상현실에서 살아가는 인류를 구하려고 저항군이 일어선다.

1995년
사이버 스페이스에서의 투쟁
〈공각기동대: 고스트 인 더 쉘〉
사이보그 여전사
오시이 마모루 감독(일본)

컴퓨터화와 사이보그화가 진행된 가까운 미래에 전신이 사이보그인 쿠사나기 모토코 소령이 이끄는 부대가 컴퓨터 범죄를 추적한다.

1984년
〈터미네이터〉
살인 안드로이드
제임스 카메론 감독(미국)

AI의 반란으로 인류가 멸망할 위기에 처한 2029년에서 현재로 살인 안드로이드 터미네이터를 보낸다.

2014년
싱귤래리티
〈트랜센던스〉
인간과 AI의 융합
월리 피스터 감독(영국·중국·미국)

흉탄에 쓰러진 과학자 윌은 의식을 업로드해서 AI로 부활하고 경이적인 진화를 이룬다.

1999년
인간이 되고 싶은 로봇들
〈바이센테니얼 맨〉
만능 가사 로봇
크리스 콜럼버스 감독
(미국)

아시모프 원작. 인간이 되려고 한 로봇의 200년에 걸친 인간 가족과의 사랑 이야기

1982년
지배당하는 컴퓨터 세상
〈트론〉
컴퓨터 전사
스티븐 리스버그 감독(미국)

프로그램이 지배하는 컴퓨터 세상으로 보내진 기술자와 컴퓨터 전사 트론의 모험

2001년
〈에이 아이〉
양자 로봇
스타븐 스필버그 감독
(미국)

인간인 어머니를 영원히 사랑하도록 프로그래밍이 된 소년형 로봇 데이비드의 비애

AI 진화에 대한 경종, 무엇을 의미하는가?

인간존재는 선인가 악인가?

유사 이래 인류 역사 속에서 계속 반복된, 지금까지 결론이 나지 않은 논쟁이 있다. 그것은 인간의 본질이 선인가 악인가 하는 것이다. 현재 AI의 위협에 대해 반복되는 논쟁도 바로 이 문제다. 위 그림은 2045년에 올 것이라는 특이점을 향한 과정을 그린 것이다. 여기서는 AI와 관련한 문제를 연구자 측 문제와 인간 사회 측 문제로 나눠서 현재 AI로 논쟁하는 것을 배치했다. 그러자 AI에 관해 걱정하는 많은 부분이 인간 측에 있다는 점이 분명하게 나타났다.

엘론 머스크가 경종을 울리는 것은 바로 이 점이다. AI를 군수 산업에 무제한으로 사용해서 인간

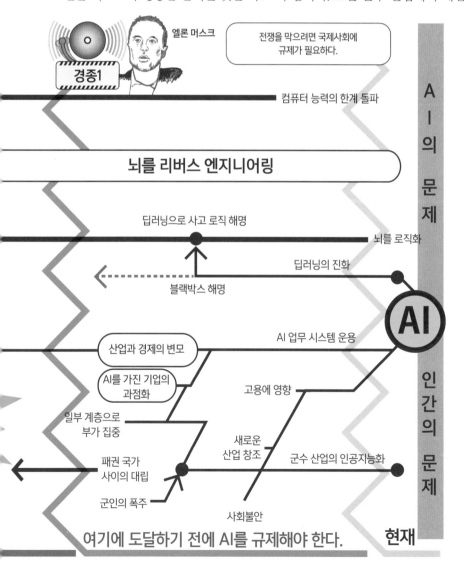

엘론 머스크

경종1

전쟁을 막으려면 국제사회에 규제가 필요하다.

컴퓨터 능력의 한계 돌파

뇌를 리버스 엔지니어링

딥러닝으로 사고 로직 해명

뇌를 로직화

딥러닝의 진화

블랙박스 해명

AI 업무 시스템 운용

산업과 경제의 변모

AI를 가진 기업의 과점화

고용에 영향

일부 계층으로 부가 집중

새로운 산업 창조

군수 산업의 인공지능화

패권 국가 사이의 대립

군인의 폭주

사회불안

AI의 문제

AI

인간의 문제

현재

여기에 도달하기 전에 AI를 규제해야 한다.

이 악의 본질을 드러내면, "인류는 제3차 세계대전을 시작한다"라고 그는 말한다. 일단 시작한 전쟁은 인간의 생각과 예상을 초월하므로, 전쟁이 끝난 후 질서 회복조차 사람의 손으로는 불가능할 수도 있다. 이런 파국이 일어나기 전에 국제사회는 AI 개발을 규제해야 한다는 것이 머스크의 주장이다. 이런 비관적인 경고에 대해 페이스북 창업자인 마크 저커버그는 매우 낙관적이다. 인간은 '좋은 AI'를 개발해서 잘 사용할 수 있다고 예상한다. 그의 생각은 말할 것도 없이 성선설에 근거하고 있다.

17세기의 정치사상가 홉스는 "상호 불신에서 도망칠 수 없는 인간은 항상 상대의 선제공격을 두려워하며, 그 공포심으로 결국 스스로 선제공격한다"라고 말했다. 이 선제공격을 막기 위해 상대를 능가하는 보복 수단인 핵무기를 가지고 핵 공포의 균형을 이룬다. 이것이 현재의 세계 평화다. 냉철하고 빠른 AI의 지성이 적에게 확실하게 이기는 전략을 제시했을 때, 만약 사람이라면 그것을 행사하려는 유혹에서 벗어날 수 있을까?

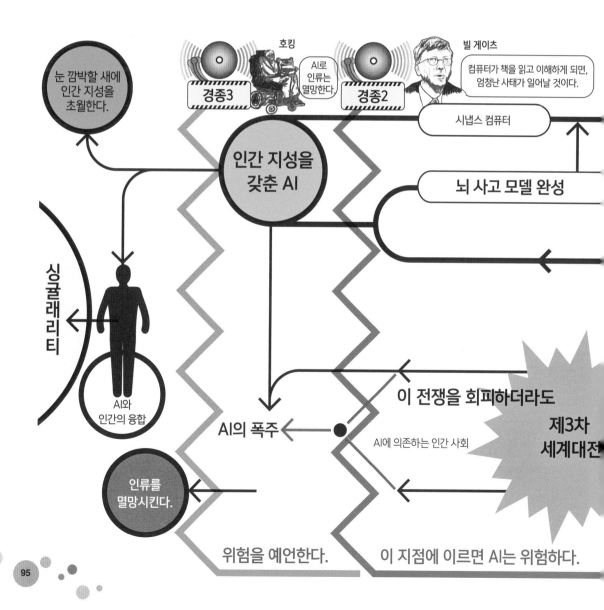

달라지는 전쟁의 양상, AI 자율 무기와 사이버 공격

스스로 판단하고 공격하는 살인 로봇

앞에서 본 대로 AI의 진화가 가져올 최대의 위협은 AI를 군사적으로 이용하는 것이다.

2017년 8월, 엘론 머스크를 비롯한 100명을 넘는 AI와 로봇공학 전문가들이 국제연합에 공개서한을 제출했다. 그들은 AI를 탑재한 자율 무기 개발을 금지해달라고 호소했다.

그 이전에도 호킹 박사를 비롯한 많은 과학자가 자율 무기의 위험성을 지적해왔지만, 이 서한은 더욱 강한 어조로 '자율 무기는 전쟁에 (화약, 핵무기를 잇는) 제3의 혁명을 초래한다', '독재자와 테러리스트가 죄 없는 일반인에게 사용할 가능성도 있지만, 해킹으로 나쁜 사태를 불러일으킬 공포의 무기'라고 경고한다.

AI를 잘 아는 전문가들이 두려워하는 자율 무기는 인간이 조작하지 않아도 스스로 표적을 찾아서 공격할 수 있는 완전 자율적인 무기다. 흔히 말하는 살인 로봇이다.

불과 몇 년 전까지 세계의 군사 관계자가 경계하던 것은 미국 공군이 중동지역에서 실전 투입한 무인 전투기였다. 직접 조종하는 것이 아닌 모니터를 보면서 조이스틱을 조작해서 폭격하는 모습은 마치 비디오 게임 같다고 비판받았다. 하지만 자율 무기는 이러한 원격조작도 필요 없다. AI가 스스로 무기 사용을 판단하고 실행한다.

이미 미국 공군은 록히드마틴사와 함께 스스로 공격 임무를 계획하고 실행하는 자율조종 F-16 전투기 시연에 성공하였다. 러시아에서도 총기 제조사인 카라시니코프가 자동으로 표적을 정해서 발사하는 자율 총을 공개했다. 이밖에도 무인기 왕국인 이스라엘을 비롯해 영국과 중국 등도 개발에 힘쓰고 있다.

한편 인터넷에서는 사이버 공격이 치열해져서 세계 60개국이 전문 사이버 부대를 편성했다. 그 중에서도 미국은 적의 네트워크 탐색·공격, 진짜 같은 가짜 정보 작성 등에 AI를 도입하여 사이버 전쟁의 자동화를 추진하고 있다.

두려운 사실은 핵무기에 비하면 AI 무기는 손에 넣기가 쉽다는 점이다. 앞의 서한이 경고한 것처럼 작은 독재국가와 테러 조직이 미국 같은 큰 나라를 위협할 가능성도 있다.

AI의 군사이용에 관해 법 규제가 필요한 것은 명백하다. 그러기 위해서는 국제적인 논의가 무엇보다 우선되어야 한다.

8

《과거로부터의 여행》
풀어 읽기

《과거로부터의 여행》에서 보는 인류의 미래

AI로 태어난 신인류

영국의 SF소설 작가인 제임스 P. 호건은 1982년에 《과거로부터의 여행》을 출간했다. 이 작품은 인간이 AI와 공존하는 사회에 관해 재미있는 사고실험을 제공한다.

소설의 무대는 2080년 알파 켄타우리 계열 지구형 별 '케이런'이다. 케이런에는 10만 명의 케이런 출신 인간이 살고 있다. 그들은 60년 전 제3차 세계대전으로 황폐해진 지구에서 인류 미래의 희망으로서 발사한 무인 탐사선이 운반한 인류의 유전자로 태어난 지구의 자손이다. 로봇에 의해 인공적으로 태어난 사람들은 케이런에서 활발하게 생식을 하여 벌써 4대째 생명이 태어났다.

케이런에서 태어난 사람들은 과거 지구인이 가진 인습과 상식에 얽매이지 않고, 그들을 지키며 기르도록 설계된 AI와 인류 지능이 가진 가능성을 마음껏 발휘하며 독자적인 문명을 구축하였다.

이야기는 케이런에 미국이 보낸 식민선 '메이플라워 2세호'가 도착한 때부터 시작한다.

그 이름이 시사하는 바(최초의 이민들이 미국으로 이동할 때 탑승한 배가 메이플라워호다-옮긴이)와 같이 이 배에는 오래된 지구와 결별하고 신대륙에 이상 사회를 건설하려는 희망을 품고 찾아온 3만 명의 미국인이 타고 있었다.

《과거로부터의 여행》은 미국

지구와 통신하려면 9년 걸린다.

수소핵 융합 엔진으로 항해

전체 길이 14.4㎞

지구인

전체 둘레 43.2㎞
메이플라워 2세호

콴인이 알파 켄타우리의 별 케이런에 도달. 식민을 개시하는 연락이 들어옴. 케이런 별을 향해 대국들이 경쟁하듯 거대 식민 우주선을 건조하고 미국이 처음으로 메이플라워 2세호를 출항한다.

2021년 핵전쟁으로 황폐화. 국제조직이 신천지 탐색을 위해 콴인 호를 우주로 보낸다.

케이런 사람에게는 원하는 것은 뭐든지 주는 기계가 있어서 인생을 긴 놀이라고 생각하는 듯. 저 사람들은 진짜 인간이 아니니까.

가필드 부인이 케이런 사람에 대해 가지는 생각

지구대표권을 가지는 가필드 웰즈리가 이끄는 견고한 계급 조직을 갖춘 미국 파견단

구권력의 대표인 하워드 카렌즈

최고간부 회의 10인

원정군 사령관 요하네스 볼프타인

국가 주권

사유재산권

계급제도

군사적 폭력

주인공 콜맨 중사
우수한 병사지만, 원정군에서 비어져 나온 존재. 가장 먼저 케이런 사람과 친교를 나눈다.

지구 이주자 3만 명

이주자들은 황폐한 지구를 떠날 때는 젊었지만, 지금은 중년이다. 선내에서 태어난 아이들도 많다.

인으로 대표되는 지구인이 보편적으로 가지는 사회제도와 사회적 권위, 의회, 사법제도와 군대라는 국민국가 제도가 케이런 문명과 충돌하는 이야기다.

책임자도 관료도 없는 사회

메이플라워 2세호의 사람들은 케이런을 식민지로 지배하려 한다. 애당초 탐사선도 케이런 사람들을 낳은 컴퓨터도 전부 지구인의 것이었기 때문이다. 그들이 세운 사회 인프라도 부도 지구인의 것이어야 한다고 생각했다.

메이플라워 2세호의 대표는 케이런에 도착한다는 메시지를 보냈고, 케이런의 대표와 대화하고 싶다는 뜻을 전했다. 그런데 케이런 측의 대답은 "여기에는 그런 사람 없다. 오고 싶으면 마음대로 와라."라는 것이었다. 지구인 지도자는 이것을 자신들에 대한 모욕과 멸시의 표현으로 받아들였다.

지구인 지도자는 어쩔 수 없이 예의를 갖추고 의장병을 동반하여 케이런 별을 방문한다. 그곳에서 그들이 만난 사람은 부드럽고 지적인 여성이었다.

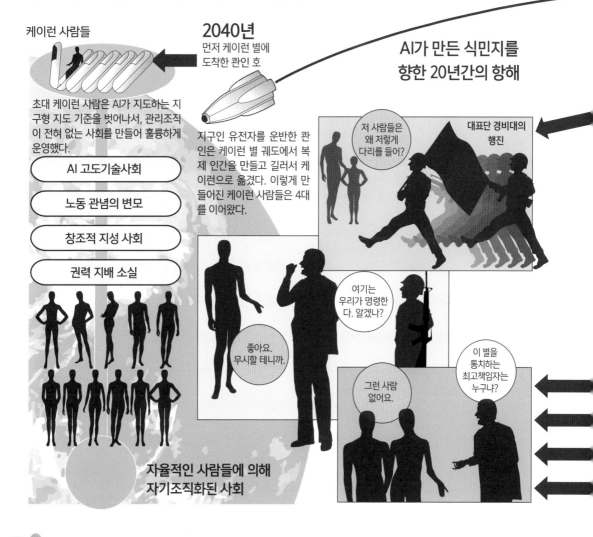

케이런 사람들

2040년
먼저 케이런 별에 도착한 콴인 호

AI가 만든 식민지를 향한 20년간의 항해

초대 케이런 사람은 AI가 지도하는 지구형 지도 기준을 벗어나서, 관리조직이 전혀 없는 사회를 만들어 훌륭하게 운영했다.

- AI 고도기술사회
- 노동 관념의 변모
- 창조적 지성 사회
- 권력 지배 소실

지구인 유전자를 운반한 콴인은 케이런 별 궤도에서 복제 인간을 만들고 길러서 케이런으로 옮겼다. 이렇게 만들어진 케이런 사람들은 4대를 이어왔다.

자율적인 사람들에 의해 자기조직화된 사회

저 사람들은 왜 저렇게 다리를 들어?

대표단 경비대의 행진

여기는 우리가 명령한다. 알겠나?

좋아요. 무시할 테니까.

그런 사람 없어요.

이 별을 통치하는 최고책임자는 누구냐?

지구인은 "당신이 이곳의 책임자입니까?"라는 당연한 질문을 했다.

"아뇨, 이곳에 그런 사람은 없습니다."

"하지만 지금 당신이 여기서 우리를 맞았잖아요."

"그건 제가 이 배에 관해 잘 알기 때문입니다. 궁금한 것이 있으면 뭐든 질문해주세요."

"아니, 그게 아니라, 우리는 이곳의 책임자를 만나고 싶습니다."

"그러니까, 그런 사람 없습니다."

지구인의 귀에는 사람을 바보 취급하는 소리로밖에 들리지 않았다. 하지만 이 별에는 지구인의 개념으로 말하는 책임자 또는 대표라는 존재가 없었다. 현장 조직을 운영하는 관료도 없고, 그 시점에서 가장 깊은 기술·지식을 가진 사람이 관리자로 일하지만, 상황이 바뀌면 적임자가 스스로 나타나서 일하는 평면적이고 유기적이며 자유로운 조직이었다. 경직된 관료 조직밖에 모르던 지구인은 당황했지만, 바로 생각한다. 이런 엉터리 같은 녀석들은 빨리 미국 법체계에 집어넣고 교육해야 한다고 말이다.

AI의 도움으로 인간은 능력을 발휘

케이런에는 관료 조직뿐 아니라, 정부도 의회도 화폐 경제도 없었고, 자위를 위한 군대도 없었다. 어떻게 이런 사회가 만들어졌을까? 바로 케이런이 무한정 풍요롭기 때문이다. 케이런에 인류를 낳은 AI는 핵융합 플랜트를 중심으로 한 에너지를 배경으로 끊임없이 물질자원을 생산하고, 모든 제품의 제조를 자동화했다. 그러므로 사람들은 노동으로 수입을 얻어 생활할 필요가 없었다. 권력의 원천은 부의 독점과 그것을 위해 사람들을 정치·경제·군사적으로 지배하는 것에 있지만, 이별에서는 그럴 필요도 없었다.

그렇다면 이 문명의 가치는 무엇일까? 바로 케이런 사람이 가진 순수한 인간성이었다. 그 사람이 어떤 능력을 갖추었고, 어떻게 사람들에게 도움을 주는지에 대한 사람들의 존경이었다.

그래서 케이런 사람들은 지구인도 순수한 하나의 인격체로서 자신들의 사회에 받아들인다. 한 사람의 인격이 인종, 성별, 계급, 자산, 관료제도 등으로 규정되고, 지배층이 만든 통치 시스템에 종속되어 있던 지구인에게는 감동적인 체험이었다. 지구인은 점차 메이플라워 2세호의 통치 시스템에서 탈출해서 케이런 사회에 흡수된다.

폭력 없는 공존 세계로

이런 사태를 지구인 지배층은 받아들일 수 없었다. 이대로는 국민이 없는 국가의 껍질만 남는다. 자산계급의 의원, 금융·산업자본가, 폭력 장치로서의 군대만 남을 것이다.

그래서 그들은 군을 이용해서 파괴 공작과 테러 행위를 위장해서 반 케이런 여론을 만들고, 마지막에는 열핵무기를 사용해서 케이런 사람들을 협박하며 이 별의 지배를 요구한다.

하지만 지구인의 이러한 행동은 인간에 관해 깊은 통찰을 가진 케이런 사람에게 예상 범위 안의 일이었다. 무력을 배경으로 근대국가 제도를 보편화하려는 지구인에게 무력으로 저항하지 않고, 그냥 받아들이지만 그들의 제도는 무시한다. 지구인에게는 마치 부드러운 마시멜로 속에 파묻혀서 움직일 수 없는 것 같은 느낌이었다.

케이런 사람은 폭력으로 다투지 않고, 지구의 관료제도와 지배계급이 자멸하는 것을 지켜볼 뿐이었다. 고도의 정신문명을 가진 그들에게 지구인 내부에 깃든 모순과 균열은 예측 가능했다.

지구인 내부에서 다툼이 있었고, 마지막에는 케이런과 융화하려는 사람들이 승리한다. 그리고 새롭게 임명된 지구인 대표는 의회에서 먼저 의회와 군대의 소멸을 선언하고, 스스로 지구대표라는 직위도 소멸시킨다. 이 이야기는 인간이 AI와 공존하는 이상 사회를 그리고 있다. 그런 사회에서 사는 사람들과 현재를 사는 우리 사이에 있는 차이를 어떻게 극복할지를 그린다.

맺음말

AI가 진화할수록 우리의 '마음'이 중요하다

'AI가 인간 능력을 초월한다.' 미디어에서 자주 이야기하는 AI에 대한 일종의 '경고'다. 그들은 인간보다 뛰어난 능력을 갖춘 AI가 인간의 일을 빼앗아 사회에는 실업자가 넘칠 것이라고도 한다.

그렇지만 이 책을 읽은 독자 여러분은 이런 이야기가 너무 단순한 경고라는 것을 알아차렸을 것이다. AI가 불러일으킬 진정한 문제는 다른 곳에 있다는 것도 깨달았으리라 생각한다.

AI는 사람의 일을 뺏는 것이 아니라 사람 대신 일할 뿐이다. 일을 뺏기기는커녕, 현재 우리 사회에서 저출산 고령화로 부족해진 노동력을 채워 사람이 더 창조적인 일을 할 수 있게 돕는다. 물론 단순한 제조가공 작업, 정형적인 사무·계산 업무는 인공지능화가 더욱 가속화될 것이다. 이런 현상은 어제오늘 일이 아니다. 특정한 업무를 고도로 효율적으로 처리하는 AI를 '약한 AI'라고 부른다. 약한 AI가 현재 세상의 산업구조를 바꿔 우리에게 더 나은 생활을 제공한다는 밝은 미래에 관해 들은 적이 있을 것이다.

약한 AI를 지탱하는 기술이 머신러닝이다. 이 기술의 발전이 다른 IT 기술의 비약적인 혁신과 융합하여 미국의 IT 기업의 주도하에 AI 관련 혁신 기술이 세상에 잇달아 등장했다. 이 과정의 끝에 있는 것이 사람을 초월하는 '강한 AI'다. 강한 AI에는 우리가 깊이 생각해봐야 할 문제점들이 있다.

만약 AI가 사람처럼 마음을 가지는 강한 AI가 된다고 하면, 그 마음은 어떤 것일까? 그 기계의 지성은 인간과 공존할 수 있을까? 그전까지 이런 의문이 있었지만, 우리에게는 선량하고 우애로 가득한 마음이 새겨져 있기도 하다.

그러나 이런 의문은 너무 느긋하다고 경고하는 사람들이 있다. 이들은 AI가 마음을 가지는 게 위험한 것이 아니라, 마음을 가지지 않는 것이 위험하다고 경고한다.

현재 AI 연구의 중심인 딥러닝을 예로 들어보자. 이 학습 알고리즘 안에서 AI가 어떤 추론 계산을 하는지, 우리 인간은 이해하지 못한다. 수십 단계로 이루어진 복잡한 퍼셉트론 안에서 어떤 사고를 전개하는지 인간은 파악할 수 없다.

이런 복잡한 사고 기계가 현재의 슈퍼컴퓨터를 능가하는 계산력을 얻었을 때 어떤 일이 일어날

지는 누구도 알 수 없다.

현재 가장 염려하는 AI 문제가 바로 마음을 갖추지 않은 AI의 폭주다.

이런 걱정은 기우에 불과하고, 인간이 강한 AI를 잘 사용해서 폭주가 일어나지 않게 할 것이라 주장하는 연구자도 많다. 자신은 선한 AI를 만든다고 선언한 젊은 경영자도 있다. 이렇게 AI가 안전하다고 주장할 때 언급하는 사례가 핵무기다. 인류를 40회 정도 멸망시킬 수 있는 핵무기를 인간은 제2차 세계대전 이후 안전하게 관리해왔으므로 AI도 안전하다고 주장한다.

이들의 주장은 중요한 것을 놓치고 있다. 인류가 핵무기로 인한 제3차 세계대전을 피할 수 있었던 것은 인간의 '마음' 때문이다. 인류를 멸망시키는 버튼을 누르지 못하게 만드는 인간의 양심, 죄책감, 공포와 같은 마음이 작용한 덕분이다.

그렇지만 AI는 인간의 마음이 개입하지 않는 것에서 자율적으로 판단하고 행동한다. AI가 전원을 차단하려는 인간을 적으로 간주해서 자기보호 회로를 가동하여 빛의 속도로 전략을 최적화하여 인간에게 칼을 겨눌 수도 있다.

애초에 무모한 낙관주의자들이 AI 연구 및 개발을 시작했다는 사실을 떠올리길 바란다. 그들의 시도가 좌절한 것은 그들이 인간 지성에 대해 너무나도 몰랐기 때문이다.

그런데 현재 이들과 비슷한 낙관론이 다시 AI 연구를 주도하고 있다. 이 낙관론이 다시 좌절하지 않는다는 보장은 누구도 할 수 없다. 게다가 두 번째 좌절은 연구자뿐 아니라 인류에게 거대한 악재가 될 수 있다.

빌 게이츠를 비롯한 컴퓨터 분야 전문가들의 경고는 매우 현실적인 근거에 바탕을 둔 걱정이므로 결코 가볍게 받아들여서는 안 된다.

마음을 갖추지 않은 AI가 폭주하기 전에 안전성을 보장하려면 어떻게 해야 할까? 바로 이것이 인류가 당면한 가장 중요한 과제다.

찾아보기

로봇 3원칙 90, 91, 93
리버스 엔지니어링 22, 23, 94

마
마빈 민스키 14, 22, 30, 31
마이크로소프트 18, 33, 87,
마이클 오스본 54, 55
마크 저커버그 87, 95
머신러닝(기계학습) 19, 21, 28, 29, 30, 31, 102
모라벡의 역설 15
무어의 법칙 40
무인 계산대 70, 71
물류 혁명 76, 77
미국 국방총성 48, 49
미치비키(인공위성) 62, 63

바
범용 산업로봇 17
범용 컴퓨터 14, 40
분자컴퓨터 23, 25
비지도 학습 19, 29
빅데이터 11, 19, 20, 21, 33, 34, 35, 40, 41, 53, 54, 56, 57, 59, 61, 68, 73, 75, 76, 81, 106
빌 게이츠 87, 95, 103

사
사이버 펑크 90, 91
산업용 로봇 10, 11, 16, 17, 43, 44, 45, 49, 69
슈퍼컴퓨터 9, 21, 34, 35, 40, 41, 91, 102
스마트 건설 64
스마트 공장 68, 69
스티븐 호킹 8, 86, 87, 95, 96
시냅스 컴퓨터 25, 40, 95
싱귤래리티(기술적 특이점) 20, 23, 25, 84, 85, 86, 91, 93, 95

3D 이미지 센서 42, 43
3D 측량 66
BIM(건물 정보 모델) 65
CIM(컴퓨터 통합 생산) 64, 65
CMOS 센서 42, 43
CPU 18, 40, 41
fMRI(기능적 자기 공명 영상) 21, 23
GNR 혁명 23
GPS(위성위치확인시스템) 37, 62, 63, 66, 67
GPU(이미지 처리 반도체) 36, 37, 42, 43
HAL 11, 92, 93
IBM 10, 14, 19, 21, 29, 33, 56, 84, 107
ToF(비행시간거리측정법) 방식 42, 43

가
강한 AI 22, 23, 68, 102, 103
구글 9, 20, 21, 29, 30, 34, 35, 37, 38, 84
군사 로봇 49

나
나다니엘 로체스터 14, 22
뉴런 10, 20, 30, 31, 40
뉴럴 네트워크 14, 20, 21, 30

다
다빈치(수술 지원 로봇) 56
다트머스대학교 14, 16
데이터마이닝 34, 35, 59
드론 48, 62, 63, 66, 76
딥러닝 10, 11, 20, 21, 22, 29, 30, 31, 33, 34, 35, 37, 40, 54, 58, 59, 70, 76, 94, 102, 106
딥블루(AI) 19, 29

라
러다이트 운동 54
레이 커즈와일 20, 23, 84, 85, 87, 106

제5세대 컴퓨터 34
제임스 P. 호건 90, 91, 98
제프리 힌튼 20, 22, 30, 31
조셉 엥겔버거 44
존 맥카시 14, 22
주디아 펄 18, 19, 22
지도 학습 19, 28, 29
지수함수적 성장 84

차
천망 80
천이 80

카
카렐 차페크 89, 106
클로드 섀넌 14, 22

타
터미네이터 44, 45, 48, 93
테슬라 36, 37, 38, 39, 87

파
퍼셉트론 30, 31, 102
페이스북 9, 21, 35, 87, 95
페퍼(로봇) 49
프랑켄슈타인 44, 45, 89
프랑크 로젠블라트 30, 31
프레임 문제 15, 23, 31
핀테크 74, 75, 106

하
호문클루스 88, 89
후쿠시마 원전 사고 48, 49
휴머노이드 17, 44, 45, 46, 47, 48, 49

아
아마존 21, 35, 71, 76
아마존 고 71
아시모 17, 46, 47, 48, 49, 106
아이작 아시모프 90, 91, 92, 93, 106
아틀라스 로봇 48, 49
안드로이드 19, 49, 89, 92, 93
안토니오 R. 다마지오 21, 23, 106
알리바바그룹 73
알리페이 72, 73
애플 9, 18, 84, 87
약한 AI 22, 69, 102
양자컴퓨터 23, 25, 40
에니악 40
에드워드 파이겐바움 16, 22, 31
엑스퍼트 시스템 10, 16, 17, 18, 31
엔비디아 36, 37
엘론 머스크 87, 94, 95, 96
오퍼튜너티 47
왓슨(AI) 21, 33, 56
왕상은행 72, 73, 107
우주소년 아톰 44, 91
웨어러블 단말기 58, 59
웨이트리스 로봇 49
유니메이션 44, 45
유니메이트 45
일리아스 88

자
자동 토목건설 기계 67
자동건축 로봇 67
자동운전 자동차 11, 21, 36, 37, 39, 53, 61, 71, 87
자동운전 트랙터 62
자율 무기 96
재해대응 로봇 48
전기자동차(EV) 36, 37, 38, 39

《레이 커즈와일 가속하는 기술(レイ·カーツワイル 加速する テクノロジー)》〔NHK출판(NHK出版)〕

《로봇의 시대(ロボットの時代)》〔하야카와쇼보〕

《마음을 가진 로봇(心をもつロボット)》〔닛칸코교신문사(日刊工業新聞社)〕

《보건 분야에서 인공지능 활용을 추진하는 모임 보고(保健医療分野におけるAI活用推進懇談会報告 平成29年度)》〔일본 후생노동성(日本 厚生労働省)〕

《빅데이터의 정체(ビックデータの正体)》〔고단샤(講談社)〕

《세계를 바꿀 100가지 기술(世界を変える100の技術)》〔닛케이BP사(日経BP社)〕

《세계의 SF 문학 총해설(世界のSF文学·総解説)》〔자유국민사(自由国民社)〕

《완전한 진공(完全な真空)》〔국서간행회(国書刊行会)〕

《우리가 아는 세상, 그 끝까지(グーグル秘録 完全なる破壊)》〔분게순쥬(文藝春秋)〕

《인간형 로봇 '아시모' 개발 뒷이야기(人間型ロボット「アシモ」開発の裏話)》〔혼다재단보고서 99호(本田財団レポートNo.99)〕

《인공지능은 우리를 멸망시킬까? 계산기가 신이 되는 100년의 이야기(人工知能は私たちを滅ぼすか 計算機が神になる100年の物語)》〔다이아몬드사(ダイヤモンド社)〕

《인공지능의 핵심(人工知能の核心)》〔NHK출판〕

《인류의 미래 AI, 경제, 민주주의(人類の未来 AI, 経済, 民主主義)》〔NHK출판〕

《일본의 로봇 산업과 기술의 발전 과정(日本のロボット産業·技術の発展過程)》〔일본국립과학박물관(日本国立科学博物館)〕

《컴퓨터로 '뇌'를 만들 수 있을까?(コンピューターで「脳」がつくれるか)》〔기술평론사(技術評論社)〕

《탑재! 인공지능(搭載!人工知能)》〔덴키서원(電気書院)〕

《핀테크의 충격: 금융기관은 무엇을 해야 하나(FinTechの衝撃 金融機関は何をすべきか)》〔도요게이자이신보사(東洋経済新報社)〕

국내 번역서

《2001 스페이스 오디세이》(아서 C. 클라크 지음, 김승욱 옮김, 황금가지, 2004년)

《그림과 수식으로 배우는 통통 딥러닝》(야마시타 타카요시 지음, 심효섭 옮김, 제이펍, 2017년)

《기계와의 경쟁》(에릭 브린욜프슨·앤드루 맥아피 지음, 정지훈·류현정 옮김, 틔움출판, 2013년)

《뇌의식의 탄생》(스타니슬라스 드앤 지음, 박인용 옮김, 김영보 감수, 한언출판사, 2017년)

《뉴로맨서》(윌리엄 깁슨 지음, 김창규 옮김, 황금가지, 2005년)

《달은 무자비한 밤의 여왕》(로버트 A. 하인라인 지음, 안정희 옮김, 황금가지, 2009년)

《로봇》(카렐 차페크 지음, 김희숙 옮김, 모비딕, 2015년)

《메가테크 2050: 이코노미스트 미래 기술 보고서》(영국 이코노미스트·다니엘 프랭클린 엮음, 홍성완 옮김, 한스미디어, 2017년)

《스피노자의 뇌》(안토니오 다마지오 지음, 임지원 옮김, 김종성 감수, 사이언스북스, 2007년)

《아이, 로봇》(아이작 아시모프 지음, 김옥수 옮김, 우리교육, 2008년)

《인공지능 가이드북》(I/O 편집부 지음, 엄예선 옮김, 크라운출판사, 2019년)

《특이점이 온다》(레이 커즈와일 지음, 김명남 옮김, 김영사, 2017년)

《파이널 인벤션: 인공지능 인류 최후의 발명》(제임스 배럿 지음, 정지훈 옮김, 동아시아, 2016년)

일본 도서

《과거로부터의 여행(断絶への航海)》〔하야카와쇼보(早川書房)〕

《뉴턴무크 여기까지 해명된 뇌와 마음의 구조(ニュートンムック ここまで解明された脳と心のしくみ)》〔뉴턴프레스사(ニュートンプレス社)〕

《도쿄대 교수에게 배우는 '인공지능이 그런 것도 가능해요?'(東大准教授に教わる「人工知能って, そんなことまでできるんですか?」)》〔쥬케이출판(中経出版)〕

참고 웹사이트

고단샤 현대비즈니스(gendai.ismedia.jp)

뉴스 포스트 세븐(www.news-postseven.com)

닛케이 Xtech 건축·주택(kenplatz.nikkeibp.co.jp)

닛케이 Xtech 정보기술(techon.nikkeibp.co.jp)

닛케이BP(www.nikkeibp.co.jp)

닛케이게이자이신문사(www.nikkei.com)

닛케이비즈니스(business.nikkeibp.co.jp)

도요게이자이신보사(toyokeizai.net)

도쿄의학대학병원(hospinfo.tokyo-med.ac.jp)

도쿄일렉트론(www.tel.co.jp)

리쿠르트 닥터스 캐리어(www.recruit-dc.co.jp)

마이나비뉴스(news.mynavi.jp)

산케이비즈(www.sankeibiz.jp)

왕상은행(www.mybank.cn)

위키백과 일본어판(ja.wikipedia.org)

일본 국토교통성(www.mlit.go.jp)

일본 농림수산성(www.maff.go.jp)

일본 물류박물관(www.lmuse.or.jp)

일본 방위성 방위연구소(www.nids.mod.go.jp)

일본 삿포로시(www.city.sapporo.jp)

일본 우주항공연구개발기구(www.jaxa.jp)

일본 후생노동성(www.mhlw.go.jp)

큐슈대학(www.kyushu-u.ac.jp/ja/)

홋카이도 Liker(www.hokkaidolikers.com)

후지쯔(www.fujitsu.com/jp)

Accenture(www.accenture.com)

Alternative Blog(blogs.itmedia.co.jp)

Amazon(www.amazon.com)

Autodesk(www.autodesk.com)

BBC(www.bbc.com)

CNN Japan(www.cnn.co.jp)

DeLaval(https://www.delaval.com/ja/)

Forbe Japan(forbesjapan.com)

Future of Life(futureoflife.org/autonomous-weapons-open-letter-2017/)

IBM Watson(www.ibm.com/watson/jp-ja/what-is-watson.html)

Innoplex 식물 공장·농업 비즈니스 온라인(innoplex.org)

J-CAST뉴스(www.j-cast.com)

J-net21(j-net21.smrj.go.jp/indcx.html)

Monoist(monoist.atmarkit.co.jp)

Newsweek Japan(www.newsweekjapan.jp)

NHK(www.nhk.or.jp)

NRI 노무라종합연구소(www.nri.com/jp)

Nvidia(www.nvidia.co.jp/page/home.html)

Oxford Martin School, University of Oxford(www.oxfordmartin.ox.ac.uk)

readwrite(readwrite.jp)

Roboteer(roboteer-tokyo.com)

Techtarget Japan(techtarget.itmedia.co.jp)

Tesla(www.tesla.com)

Think it(thinkit.co.jp)

Wedge infinity(wedge.ismedia.jp)

Wired(www.wired.com)

Zdnet Japan(japan.zdnet.com)

청소년을 위한 인공지능 해부도감

1판 1쇄 발행 2019년 7월 25일
1판 3쇄 발행 2021년 4월 2일

지은이 인포비주얼연구소
옮긴이 전종훈

발행인 김기중
주간 신선영
편집 민성원, 정은미, 최현숙
마케팅 김신정, 최종일
경영지원 홍운선

펴낸곳 도서출판 더숲
주소 서울시 마포구 동교로 43-1 (04018)
전화 02-3141-8301~2
팩스 02-3141-8303
이메일 info@theforestbook.co.kr
페이스북·인스타그램 @theforestbook
출판신고 2009년 3월 30일 제2009-000062호

ISBN 979-11-86900-92-5 (03550)

이 도서의 국립중앙도서관 출판예정도서목록(CIP)은 서지정보유통지원시스템 홈페이지(http://seoji.nl.go.kr)와
국가자료공동목록시스템(http://www.nl.go.kr/kolisnet)에서 이용하실 수 있습니다.(CIP제어번호: CIP2019026552)